NOUVELLES RECHERCHES

SUR LES

POISSONS FOSSILES

DU

MONT LIBAN

PAR

F.-J. PICTET ET Aloïs HUMBERT

GENÈVE

CHEZ GEORG, RUE DE LA CORRATERIE

PARIS

J.-B. BAILLIÈRE ET FILS. — F. SAVY

1866

NOUVELLES RECHERCHES

SUR LES

POISSONS FOSSILES DU MONT LIBAN

GENÈVE, IMPRIMERIE RAMBOZ ET SCHUCHARDT

NOUVELLES RECHERCHES

SUR LES

POISSONS FOSSILES

DU

MONT LIBAN

PAR

F.-J. PICTET ET Aloïs HUMBERT

GENÈVE

CHEZ GEORG, RUE DE LA CORRATERIE

PARIS

J.-B. BAILLIÈRE ET FILS. — F. SAVY

1866

TABLE DES MATIÈRES

	Pages
Introduction	1
§ 1. Historique	2
§ 2. Documents géologiques (par M. Humbert)	7
§ 3. De l'âge des deux faunes ichthyologiques du mont Liban, d'après les données paléontologiques.	12
§ 4. Considérations paléontologiques générales	17
Liste générale des espèces de poissons fossiles du mont Liban actuellement connues	23

Description des Espèces	25
Famille des PERCOÏDES	25
Genre BERYX, Cuvier	27
Beryx syriacus, Pictet et Humbert	28
» vexillifer, Pictet	30
Genre PSEUDOBERYX, Pictet et Humbert	32
Pseudoberyx syriacus, Pictet et Humbert	33
» Bottæ, Pictet et Humbert	34
Famille des CHROMIDES	35
Genre PYCNOSTERINX, Heckel	37
Pycnosterinx discoïdes, Heckel	38
» Heckelii, Pictet	40
» dorsalis, Pictet	40
» Russeggerii, Heckel	41
» elongatus, Pictet et Humbert	42
» niger (Costa), Pictet et Humbert	43
Genre IMOGASTER, Costa	44
Imogaster auratus, Costa	44
Genre OMOSOMA, Costa	44
Omosoma Sach el Almæ, Costa	45

                                                                              Pages
Famille des CARANGIDES.   45
  Genre PLATAX, Cuvier   46
     Platax minor, Pictet   47
  Genre VOMER, Cuvier.   49
     Vomer parvulus, Agassiz   50
Famille des SPAROIDES   50
  Genre PAGELLUS, Cuvier.   50
     Pagellus leptosteus, Agassiz   50
        »   libanicus, Pictet   50
Famille des SPHYRÉNOIDES   51
  Genre SPHYRÆNA, Bloch   51
     Sphyræna Amici, Agassiz   51
Famille des GOBIOIDES.   51
  Genre CHEIROTHRIX, Pictet et Humbert.   51
     Cheirothrix libanicus, Pictet et Humbert.   52
Famille des JOUES CUIRASSÉES.   54
  Genre PETALOPTERYX, Pictet.   54
     Petalopteryx syriacus, Pictet   54
Famille des AULOSTOMES   54
  Genre SOLENOGNATHUS, Pictet et Humbert.   54
     Solenognathus lineolatus, Pictet et Humbert   56
Famille des HALÉCOIDES.   57
  Genre CLUPEA, Linné.   60
     Clupea Gaudryi, Pictet et Humbert.   60
        »   brevissima, Blainville   61
        »   Bottæ, Pictet et Humbert.   64
        »   minima, Agassiz   65
        »   sardinoides, Pictet   66
        »   lata, Agassiz   68
        »   laticauda, Pictet   69
        »   Beurardi, Blainville.   70
        »   gigantea, Heckel.   70
  Genre SCOMBROCLUPEA, Kner.   71
     Scombroclupea macrophthalma, (Heckel) Pictet et Humbert.   71
  Genre LEPTOSOMUS, von der Marck.   74
     Leptosomus macrourus, Pictet et Humbert   75
        »   crassicostatus, Pictet et Humbert.   76
  Genre OSMEROIDES, Agassiz   77
     Osmeroides megapterus, Pictet   78
  Genre OPISTOPTERYX, Pictet et Humbert.   78
     Opistopteryx gracilis, Pictet et Humbert   80
  Genre RHINELLUS, Agassiz.   81

Pages
Rhinellus furcatus, Agassiz 82
Genre Spaniodon, Pictet 84
Spaniodon Blondelii, Pictet 84
 »   elongatus, Pictet 85
 »   brevis, Pictet et Humbert 86
Genre Chirocentrites, Heckel 87
Chirocentrites libanicus, Pictet et Humbert 88
Famille des SILUROIDES 90
Genre Coccodus, Pictet 90
Coccodus armatus, Pictet 90
Famille des HOPLOPLEURIDES 90
Genre Dercetis, Agassiz 94
Dercetis linguifer, Pictet 95
Genre Leptotrachelus, von der Marck 95
Leptotrachelus triqueter, Pictet et Humbert 95
 »   hakelensis, Pictet et Humbert 98
Genre Eurypholis, Pictet 99
Eurypholis Boissieri, Pictet 102
 »   longidens, Pictet 105
Famille . . . . . . ? 107
Genre Aspidopleurus, Pictet et Humbert 107
Aspidopleurus cataphractus, Pictet et Humbert 109
Famille des SQUALIDES 110
Genre Scyllium, Cuvier 110
Scyllium Sahel Almæ, Pictet et Humbert 111
Genre Spinax, Cuvier 112
Spinax primævus, Pictet 112
Famille des RAIIDES 112
Genre Rhinobathus, Bloch 112
Rhinobatus maronita, Pictet et Humbert 113
Genre Cyclobatis, Egerton 114
Cyclobatis oligodactylus, Egerton 114
Table alphabétique des espèces 115

NOUVELLES RECHERCHES

POISSONS FOSSILES DU MONT LIBAN

INTRODUCTION

Ces nouvelles recherches ont été entreprises à la suite d'un voyage fait
par l'un de nous (M. Humbert) dans les deux localités du mont Liban où
l'on a déjà, à diverses reprises, signalé des poissons fossiles. L'étude des
matériaux qui ont été apportés à Genève nous a promptement convaincus
qu'ils pouvaient fournir un bon nombre de documents nouveaux à ajouter
à notre mémoire publié en 1850 [1]. Nous avons reconnu qu'il y avait plusieurs espèces nouvelles à faire connaître et quelques rectifications ou addi-
tions à introduire dans l'histoire des espèces précédemment connues. Dès
lors il nous a paru utile de refondre complétement ce premier travail en
ajoutant à la description de ces espèces celle de tous les poissons qui ont
pu nous fournir des détails nouveaux. Nous y avons joint l'indication som-
maire de toutes les autres espèces décrites par d'autres auteurs et par nous-

---

[1] *F.-J. Pictet.* Description de quelques poissons fossiles du mont Liban. Genève, 1850 ; in-4°. Extrait
des Mémoires de la Société de physique et d'histoire naturelle, tome XII.

mêmes, nous bornant, pour toutes celles au sujet desquelles nous n'avions rien de nouveau à dire, à citer leurs noms en renvoyant aux divers travaux publiés ou au Mémoire de 1850.

En même temps nous avons eu recours à l'obligeance de quelques-uns de nos amis qui ont bien voulu nous communiquer les collections confiées à leurs soins. Nous témoignons en particulier notre sincère reconnaissance à M. Gaudry, qui nous a prêté plusieurs échantillons recueillis par lui-même et déposés au Museum d'histoire naturelle de Paris. M. le docteur Oppel, dont nous déplorons avec tous les amis de la science la mort prématurée, n'avait pas mis moins d'obligeance à nous communiquer ceux qui sont conservés à Munich dans le Musée paléontologique de l'Académie des sciences.

Ces matériaux réunis nous permettront de donner un état complet des connaissances actuelles sur les poissons de ces gisements classiques. Nous ne doutons pas que plusieurs collections n'en renferment encore d'autres; notre travail rendra, nous l'espérons, plus facile la tâche de ceux qui les décriront plus tard.

§ 1. HISTORIQUE.

L'existence de poissons fossiles au mont Liban et sur la côte de Syrie a déjà été constatée à une époque très-reculée; mais ce n'est que depuis un nombre d'années relativement restreint que ces poissons ont été étudiés, classés et décrits.

Le document le plus ancien que nous connaissions sur leur compte se trouve dans l'histoire de saint Louis du sire de Joinville, et remonte à l'année 1248. Il nous aurait très-probablement échappé sans l'analyse [1] d'une nouvelle édition de cette chronique [2]. On lit ce qui suit dans un des chapitres où est raconté le séjour de saint Louis à Sayette (l'antique

---

[1] Dans le journal le *Temps* (11 mai 1865).

[2] Histoire de saint Louis, « texte rapproché du français moderne et mis à la portée de tous, » publiée par les soins de M. Natalis de Wailly. 1 vol. in-18, chez Hachette.

Sidon, aujourd'hui *Saïda*) : « On apporta au roi une pierre qui se levait par écailles, la plus merveilleuse du monde; car, quand on levait une écaille, on trouvait entre les deux pierres la forme d'un poisson de mer. Le poisson était de pierre, mais il ne manquait rien à sa forme : ni yeux, ni arêtes, ni couleur, ni autre chose qui empêchât qu'il ne fût tel que s'il fût vivant. Le roi demanda une pierre et trouva une tanche dedans, de couleur brune et de telle façon qu'une tanche doit être. »

L'auteur de l'analyse, M. Ludovic Lalanne, ajoute à cette reproduction les considérations·suivantes : « Il faut que bien peu de géologues aient lu Joinville, car autrement on aurait relevé depuis longtemps ce passage, le plus ancien peut-être de nos annales où il soit question de fossiles. Ne serait-il point très-intéressant de retrouver aujourd'hui ce gisement schisteux que notre chroniqueur du treizième siècle est probablement le seul à mentionner, et qui pourrait fournir à la science de nouveaux et précieux matériaux? Je signale le fait à ces nombreux touristes qui, chaque année, vont visiter les côtes de Syrie. » Les faits que nous allons exposer montreront que l'ignorance des voyageurs ou des géologues à ce sujet n'a pas été aussi générale que ces mots pourraient le faire croire.

Jonas Korte, dans son voyage en Terre-Sainte, raconte que l'on trouve dans le Liban, en Syrie, un schiste blanc entre les plaques duquel sont des squelettes rougeâtres de poissons [1].

En 1703, M. *Maraldi* a communiqué à l'Académie des sciences de Paris [2] qu'il a vu « des Poissons dessechez, semblables à ceux du Véronais, dans des pierres qui avaient été prises en Phénicie dans le territoire de la ville de *Biblis* appelée présentement *Gibeal,* sur des montagnes presque inaccessibles et éloignées de la mer de 15 milles. » L'historien de l'Académie se demande qui peut avoir porté ces poissons et ces coquillages dans les terres et jusque sur le haut des montagnes? Il considère comme « vraisemblable qu'il y a des poissons souterrains comme des eaux souterraines, et ces eaux qui, selon le système de M. de la Hire, s'élèvent en vapeur,

---

[1] Citation faite d'après une note de la traduction allemande du travail de Blainville sur les poissons fossiles.

[2] Histoire de l'Académie des sciences pour 1703.

emportent peut-être avec elles des œufs et des semences très-légères, après quoi, lorsqu'elles se condensent et se remettent en eau, ces œufs y peuvent éclorre et devenir poissons ou coquillages. Que si ces courants d'eau déjà élevés beaucoup au-dessus du niveau de la mer, et peut-être jusqu'au haut des montagnes, viennent par quelque accident ou à tarir ou à prendre un autre cours entre des sables, enfin à abandonner de quelque manière que ce soit les animaux qu'ils nourrissaient, ils demeureront à sec et enveloppez dans des terres qui en se pétrifiant les pétrifieront aussi. »

Corneille Lebrun, dans son voyage au Levant [1], a donné quelques détails sur un gisement de poissons fossiles des environs de Tripoli, qui est peut-être celui de Hakel. Voici ce qu'il en dit :

« Après avoir fini le chapitre précédent par quelques remarques sur les fruits du cèdre, nous ne sçaurions mieux commencer celui-ci qu'en disant quelque chose de certaines pierres où l'on voit la ressemblance de diverses sortes de poissons, mais si naturelle qu'on ne sçaurait regarder cela sans admiration. On trouve ces pierres au haut d'une montagne à quelques heures de distance de Tripoli. Quand elles sont entières, on n'y voit rien du tout par dehors, mais lorsqu'on les casse en les jettant à terre ou en les frappant contre quelque chose, elles se fendent à peu près comme les ardoises, et lorsqu'elles sont ainsi fenduës, on voit ordinairement sur chacun des deux morceaux la ressemblance d'un poisson, ou, pour mieux dire, de son arrête. Afin d'avoir de ces pierres, j'envoyai une personne exprès avec un âne à la montagne, elle m'en apporta une assez grande quantité, entre lesquelles j'en trouvai une par hasard qui était tellement fenduë que de chaque côté de la pierre on voit la moitié de l'arrête du poisson, et les morceaux se referment aussi juste quand on les rapproche que si la pierre était entière, et de toutes celles que j'ai vuës je n'en ai pu trouver une qui y fût comparable. J'ai dessiné ces deux morceaux l'un auprès de l'autre pour mieux faire voir comment on voit le poisson à demi de chaque côté, c'est-à-dire que chaque morceau représente la moitié du poisson, comme on le voit N° 158. »

La planche 158 représente en effet l'empreinte et la contre-empreinte

---

[1] *C. Lebrun*. Voyage au Levant, 1714. In-folio, chap. 58, p. 309.

d'un poisson sur deux plaques symétriques, mais les formes en sont si indistinctes qu'il faut renoncer à faire aucune supposition sur l'espèce que l'auteur a figurée.

Volney[1] a probablement eu en vue Hakel en signalant l'existence « entre Batroun et Djebaïl au Kesrâouan, à peu de distance de la mer, d'une carrière de pierres schisteuses, dont les lames portent des empreintes de plantes, de poissons, de coquillages et surtout d'oignons de mer. »

Dans toutes ces indications, nous ne trouvons encore aucune tentative pour étudier les formes zoologiques de ces fossiles. M. *de Blainville*[2] est le premier à notre connaissance qui ait essayé une détermination générique de quelques poissons du Liban. En 1818, il a décrit sans les figurer deux espèces auxquelles il a donné les noms de *Clupea brevissima* et *C. Beurardi*, qu'elles portent encore.

Lorsque M. *Agassiz* aborda en 1828 l'histoire des poissons fossiles[3], il trouva très-peu de renseignements sur ceux du Liban. Dans ses préfaces successives et ses indications diverses réunies de 1833 à 1843 pour former le premier volume, il cite parmi les gisements qu'il connaît très-imparfaitement, les roches du Liban dont il n'a vu, dit-il, qu'un très-petit nombre d'espèces. Il indique comme possesseur de quelques plaques Alexandre Brongniart, St. Moricand (de Genève) et surtout M. Amic (Poiss. foss., t. I, p. 24), qui « lui a communiqué les figures d'une belle collection de poissons du Liban, la plupart nouveaux. » Il y a là un peu d'exagération. Nous avons vu nous-mêmes les originaux de M. Amic; ils ont servi à reconstituer un très-petit nombre d'espèces. Quant aux exemplaires de M. Moricand, M. Agassiz n'a pas eu le temps de les utiliser. Un de nous les a décrits sous le nom générique de *Spaniodon*.

Au moyen des documents fournis par MM. Brongniart et Amic, M. Agassiz a pu décrire quatre espèces nouvelles, savoir : *Sphyræna Amici, Clupea*

---

[1] *Volney (C.-F.).* Voyage en Syrie et en Égypte pendant les années 1783 à 1785. 2ᵐᵉ édition. In-8°. Paris, 1787, tome I, p. 273.

[2] Sur les Ichthyolithes ou les Poissons fossiles, nouveau dictionnaire d'histoire naturelle, tome XXVII. Traduit en allemand par *Krüger* : Die versteinerten Fische, geologisch geordnet, etc. Quedlimb. et Leipzig, 1828. In-8°.

[3] *Agassiz.* Recherches sur les poissons fossiles. Neuchàtel, 1833-43.

lata, Cl. minima, Rhinellus furcatus. Il en a en outre indiqué deux dont la description a été ajournée, *Pagellus leptosteus* et *Vomer parvulus*, et donné de nouveaux détails sur les *Clupea brevissima* et *Cl. Beurardi* de Blainville.

Dans son mémoire classique sur le Liban et l'Anti-Liban, publié en 1833, M. *Botta* [1] a donné sur les deux gisements de poissons de cette région (Hakel et Sahel Alma) des renseignements géologiques; mais il n'a pas décrit les échantillons qu'il y a recueillis. Nous reviendrons sur ses travaux, ainsi que sur ceux de quelques autres géologues, lorsque nous discuterons plus bas l'âge de ces faunes.

En 1845, Sir *Phil. Grey Egerton* [2] a figuré et décrit une espèce intéressante du groupe des Raies (*Cyclobatis oligodactylus*).

En 1849, *Heckel* a étudié les espèces rapportées par Th. Kotschy [3]. Il a établi le genre *Pycnosterinx*, dont il a décrit deux espèces; il a fait en outre connaître deux Clupes, dont une douteuse, et figuré sous le nom d'*Isodus sulcatus*, une mâchoire que nous attribuons au genre *Eurypholis*.

En 1850, l'un de nous a publié le mémoire dont nous avons parlé plus haut [4], mémoire dont l'ouvrage actuel est le développement et la continuation. Ce travail renferme la description de vingt espèces nouvelles.

En 1855, M. *Costa* [5], professeur à l'université de Naples, a ajouté quatre espèces nouvelles à celles qu'on connaissait du mont Liban. Une d'elles au moins nous paraît douteuse; nous reviendrons plus loin sur ce sujet.

Dans la présente monographie, nous décrivons six espèces nouvelles de Sahel Alma et huit de Hakel. En tenant compte de celles que nous proposons de retrancher, le nombre des espèces connues se trouve aujourd'hui porté à cinquante et une, réparties en nombre à peu près égal entre les deux faunes.

[1] Mémoires Soc. géol. de France, tome I, p. 135.

[2] Quarterly Journal of the Geological Society. 1845, tome 1, p. 225, pl. 5.

[3] Abbildungen und Beschreibungen neuer und seltener Thiere und Pflanzen in Syrien, etc. versammelt von Th. Kotschy, herausgegeben von D. D. *Fenzl, Heckel* und *Redtembacher*. Stuttgardt 1843-1849. 8° und Atlas folio.

[4] *F.-J. Pictet.* Description de quelques poissons fossiles du mont Liban. Genève, 1850. In-4°.

[5] *Costa, O.-G.* Descrizione di alcuni Pesci fossili del Libano. — Mem. della R. Accad. d. sc. di Napoli. Vol. II, p. 97-112, avec 2 pl.

§ 2. Documents géologiques.

(Par M. Humbert.)

Les couches à poissons fossiles dont nous avons à nous occuper ici sont celles de Hakel et de Sahel Alma, localités situées sur le versant occidental du Liban, entre Tripoli et Beyrouth, mais plus près de cette dernière ville que de la première. La nature de la roche et la faune ichthyologique des deux gisements montrent qu'ils appartiennent à des terrains différents; toutefois leur âge et leur antiquité relative n'a malheureusement pas encore été déterminé d'une manière satisfaisante.

M. Agassiz eut entre les mains des échantillons provenant évidemment de Hakel et de Sahel Alma, mais il ne les distingua que par la nature de la roche et les regarda probablement comme contemporains. Le nombre trop restreint des espèces qu'il put examiner ne lui permit pas de se faire une opinion précise sur le terrain auquel l'on devait les rapporter et il les plaça tantôt au niveau du Monte Bolca, tantôt dans le jurassique supérieur ou le crétacé inférieur.

Heckel trouva dans les quelques poissons du Liban qu'il étudia des rapports avec ceux de la craie d'un côté et avec ceux du Monte Bolca de l'autre, tout en étant cependant disposé à les rapprocher davantage de ceux du Monte Bolca.

Les renseignements stratigraphiques que Russegger a pu donner ne nous sont connus que par l'analyse insérée dans l'*Histoire des Progrès de la Géologie* de M. d'Archiac. Nous ne trouvons rien de relatif aux couches de Hakel ni de Sahel Alma, et nous supposons d'ailleurs que si les recherches du géologue allemand avaient fourni quelques données positives, Heckel en aurait fait usage dans sa discussion sur l'âge des couches à poissons.

M. de Tchihatcheff retrouva à Makrikoï, aux portes de Constantinople, des poissons fossiles que Valenciennes reconnut appartenir aux mêmes espèces que ceux du Liban (*Eurypholis Boissieri*, Pictet, *Eur. sulcidens*, Pictet, *Clupea brevissima*, Blainv. et *Cyclobatis oligodactylus* Egerton), mais l'âge des couches dans lesquels ils se rencontrent est incertain. Les poissons se trouvent dans des carrières profondes, et ils n'ont pas été vus en place par M. de Tchihatcheff, qui suppose qu'ils pourraient appartenir au terrain nummulitique. Valenciennes ajoute qu'une Telline rapportée par M. Botta (d'où?) est très-voisine de la *T. elegans* de Grignon et de Mouchy. Il n'y a là rien de bien concluant, et nous devons être toujours plus disposés à admettre les conclusions formulées par M. Botta dans son mémoire sur le Liban et l'Anti-Liban.

M. Botta a distingué trois terrains principaux dans le Liban. Il rapporte le plus inférieur à l'étage *jurassique supérieur*, le suivant au *grès vert*, et le troisième, qui recouvre celui-ci, au *crétacé inférieur*. Cette craie inférieure est formée d'alternances de calcaires et de marnes calcaires. C'est dans une des couches moyennes de ce dernier terrain que se trouvent les poissons de Hakel. Quant à ceux de Sahel Alma, ils appartiendraient, suivant M. Botta, au même groupe, mais seraient un peu plus anciens.

Examinons l'un après l'autre chacun de ces deux gisements en commençant par celui de Hakel.

Pour l'atteindre, il faut gagner Djebaïl, l'ancienne Byblos, petite ville située au bord de la mer, à 27 $^1/_4$ kilomètres au nord de Beyrouth[1]. Depuis ce point l'on monte par une pente assez rapide jusqu'au village de Hakel, qui se trouve à 10 kilomètres à l'E.-N.-E. de Djebaïl. « Ce lieu, dit M. Botta[2], est dans une vallée profonde située à une grande hauteur au-dessus de la mer, car il faut monter pendant six heures pour y arriver et les nuages la parcourent. Le gîte des poissons est sur la pente, à droite en montant au-dessus du village ; il y a en cet endroit un désordre considérable ; les couches varient beaucoup dans leur direction et leur inclinaison ; les flancs de la montagne sont couverts de débris, et c'est dans ces débris qu'on trouve les poissons. Je n'ai pu parvenir à l'endroit d'où ils

---

[1] Les distances en kilomètres ont été mesurées au compas sur la carte du dépôt de la guerre publiée récemment à Paris. (Carte du Liban d'après les reconnaissances de la brigade topographique du corps expéditionnaire de Syrie en 1860-61, dressée sous la direction du général Blondel.) 1862. Échelle de $\frac{1}{200000}$.

[2] Observations sur le Liban et l'Anti-Liban, par M. *P.-E. Botta* fils. — Mémoires de la Société géologique de France, tome I, 1re partie. Paris, 1833.

proviennent, mais il doit être à une fort petite distance au-dessus du point où j'étais. Ces débris sont formés de couches minces feuilletées, exhalant par la cassure une forte odeur d'hydrogène sulfuré; elles contiennent des lits irréguliers de silex, ou plutôt de calcaire siliceux qui renferment eux-mêmes des poissons. On y trouve aussi des boules de carbonate de chaux.

Le gisement de ces poissons diffère par tous ses caractères de celui de Sahel Alma, et, selon moi, il lui est supérieur, l'autre se trouvant plus rapproché du terrain sablonneux; les espèces de poissons sont d'ailleurs toutes différentes, ainsi que leur disposition dans la roche et la nature de celle-ci. »

Mes observations personnelles, bien que très-incomplètes [1], me conduisent aussi à ranger les couches de Hakel dans les parties supérieures de la formation crétacée. Voici ce que j'ai pu observer.

Le gisement de Hakel se trouve dans un ravin très-profond et à parois très-inclinées dont le fond n'est occupé que par un petit ruisseau. Un peu au-dessous du point où se trouvent les poissons, la vallée s'élargit, les pentes deviennent un peu moins abruptes, et les cultures apparaissent. C'est à quelques centaines de pas plus bas, après cet élargissement, que se trouve le village de Hakel, assis sur le flanc gauche de la vallée.

Une série de bancs alternativement calcaires et marneux qui s'étendent en amont du village, le long de ce flanc gauche de la vallée, peuvent servir de point de repère pour déterminer l'âge relatif de la couche à poissons.

A l'endroit où se fait l'élargissement dont je viens de parler, l'on voit un de ces bancs calcaires, recouvrant un banc marneux, s'étendre horizontalement au travers du ravin et former une sorte d'escalier sur lequel le ruisseau fait une petite chute. Ces bancs m'ont fourni quelques fossiles qui sont les *Arca Tailleburgensis*, *Cardium Hillanum*, et *Natica difficilis* (?), espèces caractéristiques du terrain cénomanien. J'ai aussi trouvé dans les champs, au-dessus de ces couches, l'*Ostrea flabella*, qui est du même terrain, mais sans être certain qu'elle fût là en place et ne vint pas des parties supérieures.

---

[1] Mon voyage en Syrie, s'étant effectué dans des circonstances particulièrement défavorables, a été beaucoup moins fructueux que je n'aurais pu l'espérer. En effet, le temps dont je pouvais disposer était très-restreint, et mon séjour a coïncidé avec la période la plus tragique des troubles de 1860.

2

L'on rencontre également dans les calcaires marneux l'*Hemiaster Saulcyanus*, d'Orb. et le *Pseudodiadema sinaica*, Cotteau (*Diplopodia sinaica*, Desor), espèces dont l'âge n'avait pas été déterminé.

Quoique la forte inclinaison des pentes dans la partie de la vallée où se trouve le gisement de poissons ait amené beaucoup d'éboulements et rendu par conséquent difficiles les études stratigraphiques, je crois m'être assuré que les couches à poissons recouvrent celles à *Cardium Hillanum*. Peut-être malgré cette superposition font-elles partie du même groupe et ne sont-elles qu'un facies du cénomanien. Ce qui me le ferait supposer, c'est que si l'on part du lit du ruisseau dans un point situé entre le village et le gisement à poissons et que l'on monte perpendiculairement le long du flanc gauche de la vallée, l'on trouve une série d'assises de calcaire plus ou moins compacte, mais sans trace de la couche à poissons; les assises supérieures semblent cependant se continuer avec celles qui recouvrent cette couche. On doit donc conclure que celle-ci est supérieure au terrain cénomanien ou qu'elle fait partie de ce terrain. Si, comme je le suppose, les *Hippurites lumbricalis* (et peut-être *H. socialis*) que j'ai récoltées entre Djébaïl et Hakel sont supérieures aux poissons de Hakel, ceux-ci se trouveraient en dessous du terrain turonien.

Les couches de Hakel semblent se prolonger sur un espace assez considérable. La *Clupea Beurardi* a été décrite par de Blainville d'après un échantillon rapporté de Gibel (Djébaïl) et tiré probablement de Hakel, et M. Agassiz l'a étudiée de nouveau sur un exemplaire de Saint-Jean-d'Acre. La *Clupea brevissima*, si abondante à Hakel, se trouve représentée au musée de Genève par des échantillons étiquetés comme provenant du mont Carmel; M. Agassiz a vu au musée de Zurich un échantillon de cette espèce envoyé de Saint-Jean-d'Acre [1]; M. Williamson [2] l'a trouvée au Gebel-Suneen (très-probablement le Sannine), près de Beyrout; enfin nous venons de voir que M. de Tchihatcheff l'a rapportée de Makrikoï, près de Constantinople, où elle est associée à l'*Eurypholis Boissieri* et au *Cyclobatis oligodactylus*.

---

[1] Il est bien possible que Saint-Jean-d'Acre et le mont Carmel ne correspondent qu'à une seule et même localité.

[2] *Proc. geol. Soc. of London*, vol. III, p. 291.

Le dépôt de Hakel doit s'être formé à une faible distance de la terre, car j'y ai récolté un insecte Orthoptère aptère.

Quant au gisement de Sahel Alma [1], voici ce qu'en disait M. Botta : « Le gîte de poissons de Sahel Alma se trouve sous le couvent de ce nom, à 300 pieds au-dessus du niveau de la mer. C'est un calcaire argileux, feuilleté dans quelques couches, assez tendre, n'ayant aucune odeur particulière. Il y a des parties d'un gris foncé, presque semblables à l'argile plastique. Je ne puis dire quelle est la stratification, parce que tout le terrain est cultivé et que la roche ne paraît que très-peu à la surface, mais cependant je suis certain de sa position; c'est le terrain argileux n° **2** que l'on voit se continuer le long de la côte. Les empreintes de poissons y sont en quantité considérable; leur disposition dans la roche est fort irrégulière, et croise dans tous les sens la direction des lits. Il y en a un grand nombre d'espèces, parmi lesquelles de fort grandes, que l'aspect chagriné de leur peau me fait regarder comme des squales; malheureusement, on ne peut en voir que des débris. On y remarque aussi des empreintes de diverses espèces de crustacés. Ce gîte de poissons diffère de celui de Hakel par sa position inférieure, la nature des espèces, la qualité du calcaire, l'absence du silex, etc. »

Je ne puis absolument rien ajouter au passage de Botta que je viens de citer. L'auteur s'appuie sur des termes de comparaison qui m'ont manqué. Le couvent de Sahel Alma se trouve à environ **2 ¹/₂** kilomètres à l'E.-N.-E. de Djouni [2]; il est construit sur une pente rapide qui descend vers la mer. C'est immédiatement au-dessous des murs du couvent, dans un champ de mûriers, et recouvert seulement par la terre végétale, que se trouve le calcaire marneux qui renferme les poissons. Outre les poissons, j'y ai trouvé des crustacés et deux ammonites. Ces derniers fossiles ne sont malheureusement pas assez bien conservés pour fournir les éléments d'une détermination certaine. J'ai recueilli encore, en assez grande quantité, des corps énigmatiques qui ne peuvent se rattacher à aucun type animal connu,

---

[1] L'orthographe adoptée pour les noms de localités est celle de la carte de l'état-major français citée plus haut.

[2] Djouni est situé sur les bords de la baie de ce nom, à 15 kilom. au nord de Beyrout.

et dans lesquels des botanistes habiles déclarent ne reconnaître aucune
forme végétale.

Valenciennes, en examinant les poissons récoltés à Makrikoï par M. de
Tchihatcheff, a trouvé une espèce d'un genre nouveau qu'il a nommée,
sans la décrire, *Strymonia sirica*[1]. Elle provient d'un calcaire tendre, parfaitement identique à celui de Sahel Alma, tandis que les autres espèces se
rencontrent dans un calcaire très-semblable à celui de Hakel. Il semblerait
donc que les deux couches à poissons du Liban se retrouvent à Constantinople.

§ 3. DE L'AGE DES DEUX FAUNES ICHTHYOLOGIQUES DU MONT LIBAN, D'APRÈS LES DONNÉES PALÉONTOLOGIQUES.

Nous croyons pouvoir établir avec une certitude presque complète que
ces faunes appartiennent toutes les deux à la période crétacée. Il serait, en
particulier, impossible de les attribuer à la période jurassique. Le grand
nombre de poissons Téléostéens qu'on y trouve, ainsi que l'absence complète des Ganoïdes, montrent qu'elles sont certainement postérieures à cette
période.

Il n'est guère moins évident pour nous que ce ne sont pas des faunes
tertiaires. Nous en avons pour preuves :

1° La présence de deux espèces d'Ammonites dans les couches de Sahel
Alma et d'un Aptychus dans celles de Hakel.

2° L'existence d'un certain nombre de genres ou de groupes qui, dans
l'état actuel de nos connaissances, caractérisent exclusivement l'époque
crétacée. Ce sont les genres *Scombroclupea* et *Leptosomus*, le groupe des
Dercetis et celui des *Eurypholis*.

3° Le grand nombre de genres éteints qui contribuent à donner à ces
faunes une physionomie spéciale. Ce sont, à Hakel, les *Pseudoberyx*, *Petalopteryx*, *Coccodus*, *Aspidopleurus* et *Cyclobatis*, et à Sahel Alma les *Pycnosterinx*, *Cheirothrix*, *Rhinellus* et *Spaniodon*.

---

[1] Bull. Soc. géol. de France, 2ᵐᵉ série, tome VIII, 1851, p. 301.

4° Le fait que parmi les genres qui ont encore des représentants vivants ceux qui sont le plus abondants au Liban sont précisément ceux qui ailleurs se retrouvent dans l'époque crétacée. Nous pouvons mentionner en particulier le type des *Beryx*, qui est éminemment crétacé, quoiqu'il soit représenté aujourd'hui par quelques espèces dans les mers chaudes. Nous pouvons citer aussi les *Clupes*, dont l'existence est démontrée dès l'origine de la période crétacée, et les *Chirocentrites*, dont le principal développement caractérise aussi cette époque.

Les poissons qui ne rentrent pas dans une de ces catégories sont très-peu nombreux, et ne jouent qu'un rôle tout à fait subordonné dans les faunes du Liban.

Mais si nous sommes à même d'établir avec sécurité le fait général que ces faunes sont crétacées; nous sommes bien plus embarrassés pour décider à laquelle des subdivisions de cette longue période on doit les rapporter. L'histoire des poissons fossiles présente encore trop de lacunes pour qu'on puisse appliquer ici les mêmes méthodes que lorsqu'il s'agit de mollusques ou d'échinodermes, et nous sommes condamnés à ne pas dépasser un certain degré de probabilité.

Le premier point à constater est qu'aucune espèce du mont Liban n'a encore été retrouvée dans un autre gisement, sauf sur quelques points de la Syrie et de l'Asie Mineure qui appartiennent à la même époque, et dont nous avons parlé plus haut. Il faut donc, dans nos comparaisons, nous borner au rapprochement plus incertain des genres ou des groupes naturels.

Les faunes crétacées européennes avec lesquelles nous avons pu faire des comparaisons sont, par ordre d'ancienneté, la faune néocomienne des Voirons[1], celle de Comen en Istrie, celles des craies d'Angleterre et celle de la craie de Westphalie.

La faune néocomienne des Voirons n'est connue encore que par un très-petit nombre de poissons que nous avons décrits nous-mêmes dans un mémoire spécial[2]. Nous ne les citons ici que parce qu'ils représentent seuls

---

[1] Nous ne parlons ici que de la faune néocomienne des Voirons. Les autres gisements de cette époque n'ont guère fourni que des dents (sauf l'*Histialosa Thiollieri*).

[2] *Pictet*. Paléontologie suisse, 1858, 1re série. Descr. des fossiles du terrain néocomien des Voirons. In-4° et atlas folio.

jusqu'à présent la population ichthyologique des mers crétacées les plus anciennes. En appelant de nos vœux de nouvelles découvertes, nous constatons les faits suivants :

Le *Spathodactylus neocomiensis*, Pictet, appartient évidemment au même groupe que les *Chirocentrites*, et fait ainsi un lien entre la faune des Voirons et celles de Comen et du Liban (Hakel).

Les *Clupes* des Voirons rappellent celles du Liban. Elles sont un rare exemple d'un genre vivant existant déjà à une si haute antiquité; mais elles ne peuvent guère être invoquées à titre d'analogie, vu la durée même de ce type, qui caractérise à la fois les mers crétacées, tertiaires et actuelles.

Le *Crossognathus sabaudianus* n'a pas d'analogue au Liban. On peut toutefois remarquer qu'il appartient à la famille des Halécoïdes, la plus abondamment représentée dans ces gisements.

L'*Aspidorhynchus genevensis* fournit un enseignement contraire aux précédents. Ce genre, principalement jurassique, appartient à la famille des Ganoïdes et manque tout à fait au Liban. Sa présence est une preuve de l'antiquité plus grande de la faune des Voirons.

La faune de Comen en Istrie est connue d'une manière un peu moins incomplète, grâces aux travaux de MM. Heckel, Kner et Steindachner. Son âge ne paraît pas encore parfaitement précisé; on l'attribue généralement à la division inférieure de la période crétacée. Les rapports avec les faunes du Liban nous paraissent assez considérables. On peut, en particulier, citer les analogies suivantes :

Le genre *Chirocentrites* se trouve à Comen (deux espèces) et à Hakel.

Il en est de même du genre *Scombroclupea*.

Le *Sauroramphus Freyeri* de Comen est extrêmement voisin des *Eurypholis* de Hakel et de Sahel Alma.

L'*Aipichthys pretiosus* de Comen rappelle beaucoup notre *Platax minor* de Hakel.

A côté de ces poissons, la faune de Comen ne renferme que trois genres qui ne se retrouvent pas au mont Liban; ceux-ci ont plutôt une signification neutre que négative. Ce sont : les *Elopopsis* (neuf espèces), du même groupe que les Chirocentrites; l'*Amiopsis prisca*, voisine des Amia et le *Cœlodus Rosthorni*. Ce dernier toutefois, déterminé comme un Pycnodonte, pourrait être considéré comme un élément différentiel important; mais sans vouloir contester directement ses rapports, nous devons faire remarquer qu'il n'est connu que par sa queue, et que, par conséquent, ses caractères les plus importants nous manquent encore.

Mais il est encore un autre élément important qu'il faut introduire, et qui semble prouver que les faunes du Liban sont un peu plus récentes que celles de Comen. C'est le fait qu'elles renferment plusieurs genres vivants inconnus en Istrie : *Vomer*, *Platax*, *Pagellus*, etc.

Les poissons de la craie du sud de l'Angleterre ont, en revanche, très-peu d'analogie avec ceux du Liban. Ce fait paraît ne pas tenir uniquement à la différence d'âge, car nous allons retrouver certaines ressemblances en comparant la faune de Westphalie à celle de la Syrie. Il y a probablement là une cause géographique qui nous échappe. Les seules analogies ont lieu par les groupes des *Beryx,* des *Osmeroides* et des *Dercetis.*

La craie de Westphalie renferme un assez grand nombre de poissons fossiles dont l'étude, commencée par M. Agassiz, a été reprise récemment d'une manière plus complète par M. von der Marck [1]. Cette faune ichthyologique présente quelques analogies curieuses avec celles du Liban. Nous pouvons citer en première ligne :

Le genre *Ischyrocephalus,* von der Marck, qui a des affinités incontestables avec les *Eurypholis* de Sahel Alma.

Le genre *Leptotrachelus,* von der Marck.

Le genre *Leptosomus*, von der Marck, dont nous décrivons quelques espèces.

Parmi les analogies moins évidentes, nous pouvons ajouter :

Le groupe des *Beryx,* qui toutefois est représenté en Westphalie par des genres différents de ceux que nous avons recueillis (*Hoplopteryx*, *Sphenocephalus*, *Acrogaster*, etc.).

Quelques *Clupeides,* voisins à la fois de celles de nos Clupes du Liban dont le ventre n'est pas dentelé, et des genres *Osmerus* ou *Osmeroides* (genres *Sardinius* et *Sardinioides*, von der Marck).

Le genre *Pelargorhynchus,* qui forme un membre nouveau et curieux

---

[1] Palæontographica, 1863. tome XI, p. 1.

de la famille des Hoplopleurides, et qui a avec les Dercetis des analogies plus éloignées que les Leptotrachelus.

Tous les autres genres sont, en revanche, très-différents de ce que l'on connaît des faunes du Liban. Ce sont les *Macrolepis*, von der Marck, *Rhabdolepis*, id., *Palæolycus*, id., *Esox,* Cuv., *Istieus*, Ag., *Microcœlia*, v. d. M., *Trachynectes*, id., *Echinocephalus*, id., et *Enchelurus*, id. Ces genres, dont plusieurs présentent deux à quatre espèces, donnent une physionomie spéciale à cette faune, d'autant plus que quelques-unes sont de grande taille.

En résumé, et en renouvelant nos réserves sur les conclusions que l'on peut tirer d'un nombre encore insuffisant de faits, nous sommes portés à conclure ce qui suit :

1° La faune de Hakel a ses principales ressemblances avec la faune de Comen en Istrie. Elle présente cependant une plus grande proportion de genres vivants, ce qui peut la faire considérer comme plus récente.

2° La faune de Sahel Alma a des rapports incontestables avec la faune de la craie de Westphalie.

3° L'une et l'autre diffèrent plus des faunes crétacées d'Angleterre.

4° Les différences et les ressemblances précitées peuvent tenir en partie à des causes géographiques et en partie à l'âge des formations. Les premières peuvent avoir augmenté les rapports avec Comen et diminué ceux avec les craies du Nord, et rendre par conséquent un peu douteuse l'action des secondes.

Malgré ce doute légitime dont il nous est impossible de calculer la portée exacte, notre conclusion générale est que les faunes du Liban sont l'une et l'autre intermédiaires entre celles d'Istrie et celles de la craie supérieure, et qu'en conséquence leur place la plus probable est dans la formation crétacée moyenne.

Ici vient se présenter une question difficile et embarrassante. Quel est l'âge relatif de nos deux faunes du Liban? Laquelle des deux est la plus ancienne?

Si les travaux géologiques de Botta avaient résolu la question et que nous eussions des preuves stratigraphiques suffisantes, nous n'aurions pas à recourir à une analyse paléontologique hasardeuse qui nous embarrasse d'autant plus qu'elle conduit à un résultat plutôt contraire de celui qui a été donné comme probable par l'auteur précité. **M.** Botta croit que la faune de Sahel Alma est la plus ancienne. Les comparaisons que nous venons de faire, d'où nous avons conclu que la faune de Comen ressemble davantage à celle de Hakel, tandis que celle de Sahel Alma rappelle surtout les faunes de la craie blanche, devraient nous faire considérer au contraire la première comme la plus ancienne. Espérons qu'une bonne étude géologique de cette contrée intéressante mettra fin à ces doutes.

§ 4. Considérations paléontologiques générales.

L'étude du développement organique dans la série des temps géologiques montre que les diverses classes du règne animal sont loin de présenter une histoire identique. En particulier, l'époque où ont eu lieu les modifications les plus puissantes dans l'organisme semble n'avoir pas été la même pour toutes. On voit quelquefois, à un moment donné, telle classe se transformer d'une manière très-intense, tandis que telle autre conserve la même physionomie générale, pour être à son tour modifiée pendant une période différente.

La classe nombreuse des poissons présente un exemple remarquable à cet égard [1]. La dernière modification profonde qu'elle a éprouvée correspond au passage qui sépare la période jurassique de la période crétacée. Or, pour la plupart des classes les mieux connues, ce passage est relativement peu important. Nous voyons les reptiles jurassiques se continuer avec une grande partie de leurs types dans la période crétacée, tandis que le passage de celle-ci à la période tertiaire est marqué par les plus puissants changements de forme. Nous voyons les Mollusques, les Echinodermes et les Polypiers des mers crétacées reproduire en grande majorité les types de leurs prédécesseurs jurassiques. Si l'on cherche pour chacune de

[1] M. le professeur Heer vient de signaler un fait tout semblable dans l'histoire du règne végétal (*Les Phyllites crétacés du Nebraska.* Extrait des Mémoires de la Société helvétique des Sciences naturelles, 1866.) Il a montré que la flore crétacée supérieure est tout à fait différente de la flore jurassique et se lie plutôt à la flore tertiaire.

ces classes les époques où les plus grandes modifications ont eu lieu, ce ne sera jamais entre l'étage jurassique supérieur et l'étage néocomien qu'on sera amené à les placer.

L'importance du changement qui a eu lieu à la fin de la période jurassique a déjà été mise en évidence par les travaux de M. Agassiz. Notre savant ami a en particulier insisté sur l'apparition en quelque sorte subite au commencement de la période crétacée du groupe des poissons les plus parfaits, les Téléostéens, qui forment la grande majorité de la population ichthyologique des mers actuelles. Malgré une restriction apportée depuis lors à la généralité de cette assertion, ce fait a été confirmé dans son ensemble. Il donne une importance exceptionnelle à l'étude des faunes crétacées de poissons, puisque ces faunes sont l'origine et en quelque sorte la première expression de nos faunes actuelles. Il est intéressant de rechercher par quelle série graduelle de modifications elles ont passé, quels sont les types précurseurs qui les premiers les ont représentées, quelles sont les formes qui se sont continuées de la manière la plus constante et quelles sont celles qui ont apparu les dernières.

La classification des poissons la plus généralement adoptée est celle de J. Muller. Sur les six sous-classes qu'il a établies, trois n'ont pas de représentants fossiles (les *Leptocardii*, les *Cyclostomes* et les *Dipnoi*); les trois autres forment donc seules le domaine du paléontologiste.

Or parmi ces trois sous-classes, les *Elasmobranches* se conservent avec les mêmes caractères généraux qu'ils ont montré dans toute la série des temps. C'est le groupe qui a été le moins modifié. Il n'est pas représenté au Liban d'une manière très-abondante; on y trouve cependant les deux types principaux, les Squales et les Raies. Ces poissons sont du reste difficilement comparables aux autres espèces fossiles, car dans la plupart des gisements les Elasmobranches ne sont conservés que par des dents isolées, tandis qu'au Liban c'est précisément le contraire qui a lieu; il n'y a pas de dents isolées, mais bien quelques corps entiers.

La sous-classe des *Ganoïdes* est dans toutes les faunes connues de la période crétacée en voie d'extinction rapide. C'est un fait d'autant plus intéressant que les faunes du Jura supérieur qui ont immédiatement précédé cette période sont riches en belles et nombreuses espèces caractéristiques. Nous n'avons trouvé au Liban aucun véritable Ganoïde, car nous ne saurions plus comprendre aujourd'hui dans cette sous-classe l'ordre des Hoplopleurides établi par l'un de nous. Cet ordre doit appartenir à la grande série des Téléostéens.

Cette troisième sous-classe, celle des *Téléostéens*, est en conséquence la plus importante de beaucoup. Elle fournit la presque totalité de la faune, et c'est celle dont nous avons principalement à nous occuper.

Ainsi que nous l'avons dit plus haut, M. Agassiz ne faisait pas remonter l'existence des Téléostéens avant la période crétacée; mais la plupart des auteurs admettent aujourd'hui une exception à cette règle et reconnaissent comme des Téléostéens très-probables les genres *Tharsis*, *Leptolepis*, etc., à écailles minces et arrondies. En acceptant cette manière de voir, dont la discussion nous entraînerait trop loin, nous devons constater ici un fait important, c'est que les poissons Téléostéens, dont M. Agassiz fait la famille des Halécoïdes, et que nous connaissons sous les noms de Salmones et de Clupes, sont évidemment les plus voisins de ces genres jurassiques. La famille nombreuse à laquelle appartiennent ces types précieux de nos mers actuelles sont les continuateurs des Téléostéens jurassiques. Ils ont une histoire plus longue que celle d'aucune autre famille actuelle et peuvent être considérés en quelque sorte comme le tronc de l'arbre généalogique des poissons de nos mers.

Il est intéressant en même temps de constater que ces poissons sont ceux qui possèdent au plus haut degré les caractères normaux de la classe, et qu'ils en représentent en quelque sorte l'archétype. Un anatomiste théoricien qui voudrait représenter cet archétype serait forcément conduit dans ce but à faire à peu près la figure d'un Halécoïde, car il lui assignerait des nageoires ventrales à leur place normale, en arrière de l'abdomen, ainsi qu'une bouche dont le bord serait composé par l'intermaxillaire et le maxillaire, et rien n'est plus normal que les nageoires d'un salmone et que son corps fusiforme et régulier.

Constatons donc en résumé que les plus anciens poissons téléostéens ont été ceux dont les formes sont les plus normales et que leurs caractères se sont continués dans la période crétacée et dans les suivants par la famille des Halécoïdes.

Nos faunes du Liban sont riches en poissons de cette famille, car sur cinquante et une espèces connues, dix-neuf lui appartiennent.

Un autre type important est celui des poissons Téléostéens à écailles dentelées que M. Agassiz réunissait sous le nom de *Cténoïdes*. Cette dénomination, qui ne correspond plus aujourd'hui à un ordre d'une valeur zoologique suffisante, peut cependant encore être utilement employée dans la comparaison générale qui nous occupe, pour désigner tous les poissons se rapprochant plus ou moins du type de la Perche par cette dentelure des écailles, par les rayons épineux de leurs nageoires, par la tendance des os de la tête à s'armer de pointes, etc.

Ces poissons Cténoïdes, moins nombreux au Liban que les Halécoïdes, y présentent, comme nous allons le montrer, quelques formes bien distinctes; ils ont cependant une physionomie uniforme commune et se ressemblent bien plus que les Cténoïdes actuels. La variété s'est établie plus tard et elle a été en augmentant constamment jusqu'à nos jours.

Les types de poissons à écailles dentelées que nous trouvons au mont Liban sont les suivants :

1º Le groupe des *Beryx*, dont M. Agassiz a déjà fait connaître la singulière histoire. Aujourd'hui ils font partie d'une petite association de genres (*Holocentrum*, *Myripristis*, *Beryx*) spéciaux à la mer des Indes, voisins des Percoïdes par leurs caractères essentiels, mais constituant dans cette famille une tribu caractérisée par les rayons branchiostègues et les rayons de leurs ventrales qui dépassent le nombre normal de sept. Ce groupe des Beryx, comprenant le genre actuel et quelques genres éteints, est le seul représentant pendant l'époque crétacée de la famille des Percoïdes. C'est la première expression de cette famille si abondante aujourd'hui; après l'avoir constituée seul, il n'en forme plus qu'un rameau accessoire.

2º Un type tout à fait nouveau et intéressant que nous avons désigné sous le nom de *Pseudoberyx*. Il réunit aux caractères ordinaires des Beryx celui d'avoir des ventrales abdominales, circonstance bien rare dans les poissons à écailles véritablement dentelées. Ne pourrait-on pas voir là une indication d'une règle semblable à celle que nous avons constatée au sujet des Halécoïdes et en inférer que les premières apparitions des types ont en général eu de la tendance à se rapprocher des formes archétypiques plus que ne l'ont fait les génératious suivantes.

3° Le type des *Pycnosterinx*, déjà reconnu et établi par Heckel, qui se rapproche par ses caractères de la famille des *Chromides*, associée anciennement en partie aux Labroïdes et en partie aux Sciénoïdes, puis reconnue pour distincte et transportée dans le groupe des Pharyngognathes. Ces poissons, sur lesquels Heckel a reconnu des dents pharyngiennes, appartiennent à un type bien distinct aujourd'hui des Percoïdes ; et cependant ils ressemblent à un point extrême aux Beryx de la craie par leurs écailles, leurs nageoires et leur facies.

4° Le genre des *Platax*, de la famille des *Carangides*, remarquable encore par la ressemblance de ses nageoires et de son contour avec ces mêmes Beryx.

En d'autres termes, ces quatre types, bien distincts aujourd'hui, se trouvent réunis à leur origine par des caractères communs, actuellement diminués ou effacés, de sorte qu'on pourrait représenter l'histoire des Cténoïdes sous la forme d'un faisceau de lignes divergentes entre lesquelles se seraient intercalées toutes les familles qui n'ont pas existé avant l'époque crétacée.

Quelques autres familles de Téléostéens ont encore de rares représentants au mont Liban. Nous ne nous y arrêterons pas, et nous nous bornerons à indiquer un ou deux *Sparoïdes*, un ou deux *Gobioïdes,* et un genre curieux *(Petalopteryx),* appartenant probablement aux *Joues cuirassées.*

Il nous reste, pour compléter ce que l'on sait de ces faunes du Liban, à dire quelques mots d'un ordre que nous avons déjà nommé ci-dessus, celui des *Hoplopleurides,* dont les rapports ont été contestés. Nous discuterons cette question plus loin, et nous montrerons que les arguments donnés en faveur de leur affinité avec les Ganoïdes sont tous contestables, et que ces poissons sont de véritables Téléostéens.

Ces *Hoplopleurides*, caractérisés par des séries d'écussons disposés en séries longitudinales, forment un groupe jusqu'à présent spécial à la période crétacée. Ils contribuent bien pour leur part à la physionomie des faunes du Liban.

Ces faits peuvent encore se résumer comme suit :

Les faunes du Liban, comme les autres faunes crétacées, ont, dans leurs grands traits, tous leurs rapports avec les faunes suivantes et presque aucun avec les faunes précédentes. Le commencement de l'époque crétacée a été pour cette classe un temps de renouvellement de formes et de modifications puissantes. Le caractère général principal consiste dans la disparition brusque des Ganoïdes et leur remplacement par d'abondants Téléostéens.

Si on les compare avec les faunes suivantes (tertiaire et moderne), on verra qu'elles sont composées de familles qui sont dans d'autres proportions.

La plus importante est celle des Halécoïdes (Salmones et Clupes), qui peut être considérée comme la continuation de quelques genres jurassiques. C'est la seule parmi les Téléostéens qui ait une origine aussi ancienne. C'est aussi celle qui reproduit de la manière la plus marquée les formes normales et typiques du poisson. Les saumons et les clupes de nos eaux actuelles sont de tous les poissons ceux qui ont le mieux conservé les formes originelles; ce sont aussi ceux qui ont les plus anciens aïeux connus.

La grande division des Cténoïdes, aujourd'hui si variée et si importante, n'a pas de racine connue avant l'époque crétacée. Elle est représentée par un certain nombre de types liés ensemble par de nombreux caractères communs, surtout dans le facies, l'apparence générale et les téguments. Ces types forment la base d'un grand faisceau qui, en avançant dans les âges successifs, s'est différencié davantage soit parce que les branches se sont écartées, soit parce que de nouvelles sont nées de leur division.

Le troisième groupe qui a joué un rôle important dans ces Téléostéens, est l'ordre des Hoplopleurides, plus isolé que les précédents. Rien ne l'annonce dans la période jurassique; rien ne le continue dans la période tertiaire.

Ces trois groupes forment la presque totalité de la faune des Téléostéens. Il faut seulement y ajouter, dans l'état actuel de nos connaissances, quelques genres isolés dont l'histoire ne nous est connue que d'une manière incomplète, et qui paraissent subordonnés aux précédents tant par cet isolement même que par le petit nombre des individus qui les représentent.

LISTE GÉNÉRALE

DES

ESPÈCES DE POISSONS FOSSILES DU MONT LIBAN

ACTUELLEMENT CONNUES

1° Faune du Sahel Alma.

Beryx syriacus, Pictet et Humbert.
Pycnosterinx discoïdes, Heckel.
    »   *Heckelii*, Pictet.
    »   *dorsalis*, Pictet.
    »   *Russeggerii*, Heckel.
    »   *elongatus*, Pict. et Humb.
    »   *niger*, Pict. et Humb. (*Beryx niger*, Costa).
Imogaster auratus, Costa.
Omosoma Sach el Almæ, Costa.
Pagellus libanicus, Pict.
Cheirothrix libanicus, Pict. et Humb.
Solenognathus lineolatus, Pict. et Humb.
Leptosomus macrourus, Pict. et Humb.
    »   *crassicostatus*, Pict. et Humb.
Osmeroïdes megapterus, Pict.
Opistopteryx gracilis, Pict. et Humb. (*Mesogaster gracilis*, Pict.).
Rhinellus furcatus, Ag.
Spaniodon Blondelii, Pict.
    »   *elongatus*, Pict.
    »   *brevis*, Pict. et Humb. (*Clupea lata*, Pict.; *non* Cl. lata. Ag.).
Dercetis linguifer, Pict.
Leptotrachelus triqueter, Pict.
    »   *tenuis*, Pict.
Eurypholis longidens, Pict. (*Isodus sulcatus*, Heckel).
Scyllium Sahel Almæ, Pict. et Humb.
Spinax primævus, Pict.

2° Faune de Hakel.

Beryx vexillifer, Pictet.
Pseudoberyx syriacus, Pict. et Humb.
     »   *Bottæ*, Pict. et Humb.
Platax minor, Pict.
Petalopteryx syriacus, Pict.
Clupea Gaudryi, Pict. et Humb.
   »   *brevissima*, Blainv.
   »   *Bottæ*, Pict. et Humb.
   »   *sardinoides*, Pict.
   »   *lata*, Ag. (*non* Pictet).
   »   *laticauda*, Pictet.
   »   *Beurardi*, Blainv. (Hakel?).
   »   *gigantea*, Heckel.
Scombroclupea macrophtalma, (Heckel) Pict. et Humb.
Chirocentrites libanicus, Pict. et Humb.
Coccodus armatus, Pictet.
Leptotrachelus hakelensis, Pict. et Humb.
Eurypholis Boissieri, Pict. (*E. Boissieri* et *sulcidens*, Pict.)
Aspidopleurus cataphractus, Pict. et Humb.
Rhinobatus maronita, Pict. et Humb.
Cyclobatis oligodactylus, Egerton.

3° Espèces de provenance douteuse.

Vomer parvulus, Ag., localité précise inconnue.
Pagellus leptosteus, Ag., Liban?
Sphyræna Amici, Ag., localité précise inconnue.
Clupea minima, Ag., probablement de Hakel.

———

    Parmi les poissons qu'a décrits M. Costa, trois figurent dans la liste précédente ; il y en a trois autres que nous n'avons pas pu y faire entrer. Ce sont : 1° Le *Rhamphornimia rhinelloides*, Costa, p. 12, pl. II, fig. 2, qui ne présente aucun caractère de poisson, et que nous soupçonnons plutôt être une réunion de débris disparates, parmi lesquels on croirait distinguer une carapace de crustacé. — 2° Deux petits poissons figurés pl. I, fig. 3, et pl. II, fig. 3, mais qui n'ont ni été décrits, ni même nommés, et dont nous ne pouvons apprécier les caractères.

DESCRIPTION DES ESPÈCES

FAMILLE DES PERCOÏDES

La famille des Percoïdes n'est représentée dans les poissons du mont Liban que par quelques espèces appartenant au genre *Beryx* et à celui que nous avons appelé *Pseudoberyx*. M. Agassiz a déjà fait remarquer que le genre Beryx et quelques autres qui viennent se ranger à côté de lui « sont pour ainsi dire l'expression synthétique de tout ce groupe au commencement de son développement et antérieurement à toutes les modifications qu'on lui voit subir à des époques plus récentes, lorsque de nouveaux éléments de vie viennent à se manifester. »

Les Beryx vivants ont été placés par Cuvier à la suite des Percoïdes avec un certain nombre de groupes qui n'offrent pas la totalité des caractères de cette famille. Celui auquel ils appartiennent renferme les genres *Holocentrum*, Artedi, *Myripristis*, Cuvier, et *Beryx*, Cuvier, qui ont tous plus de sept rayons aux branchies, des ventrales supportées par une épine et au moins sept rayons mous (au lieu de cinq au plus); leurs écailles sont fortement dentelées sur le bord libre, et les os de la tête sont également

4

épineux et dentelés. Les Holocentres et les Myripristis ont deux nageoires dorsales, l'une épineuse, et l'autre molle; les Beryx ont une seule nageoire, soutenue principalement par des rayons mous avec quelques petites épines antérieures.

M. Agassiz a rapporté au genre *Beryx* un certain nombre de poissons fossiles, remarquables comme les vivants par les dentelures de leurs écailles et ayant de même une tête grosse et obtuse, ainsi qu'une seule dorsale soutenue par des rayons épineux peu abondants. Il a reconnu en outre dans la craie blanche, outre ces vrais Beryx, quelques poissons qui s'en rapprochent assez pour constituer avec eux un groupe naturel, tout en formant des genres spéciaux. Nous parcourrons rapidement les caractères de ceux de ces genres qui ont été proposés soit par M. Agassiz, soit par quelques auteurs plus récents.

Le genre qui ressemble le plus à ces Beryx fossiles est celui des *Hoplopteryx*, Agassiz, caractérisé par des os de la tête dentelés et par la partie épineuse de la dorsale formée de très-gros rayons et aussi étendue que la partie molle. D'après les observations de M. von der Marck, les écailles sont dentelées sur le bord comme celles des Beryx. Le caractère tiré des rayons épineux de la dorsale et de l'anale ne nous paraît pas avoir une valeur rigoureuse, car entre les Beryx à rayons épineux de la dorsale très-petits et l'*Hoplopteryx antiquus*, où ces rayons sont gros, nombreux et espacés, nous trouvons des espèces telles que le *Beryx Zippei*, Ag., et le *B. superbus*, Dixon, où ces rayons sont gros, au nombre de cinq ou six, mais serrés et ne constituant pas une région aussi indépendante des rayons mous. Des deux espèces que nous décrivons ici, l'une est sous ce point de vue un véritable Beryx, l'autre appartient à ce groupe intermédiaire.

Le genre *Sphenocephalus*, Ag. diffère davantage des Beryx par sa tête effilée et sa dorsale courte. Celui des *Acanus*, Ag. a les rayons épineux de la dorsale encore plus gros, plus espacés et plus nombreux que les Hoplopteryx, et se distingue surtout par les très-longs rayons épineux de son anale.

Nous considérons comme encore plus éloignés les *Platycormus*, genre établi par M. von der Marck pour le *Beryx germanus*, Ag., dont les écailles ne sont pas dentelées, mais seulement granuleuses; les *Podocys*, Ag., dont la dorsale s'étend jusqu'à la nuque; les *Acrogaster*, Ag., poissons gibbeux, à région abdominale très-développée, dont la dorsale ne dépasse pas en arrière le milieu du dos; et enfin les *Macrolepis,* von der Marck, qui sont de petits poissons allongés, à écailles lisses.

M. Dixon[1] a donné une caractéristique très-incomplète de trois genres, dont les noms avaient été inscrits par M. Agassiz dans la collection de M. Catt, mais qui n'avaient jamais été publiés. Ce sont:

1° Les *Berycopsis*, Ag., semblables aux Beryx, mais à écailles non pectinées, avec lesquels les Platycormus pourraient peut-être faire double emploi.

2° Les *Homonotus*, Ag., à dorsale très-haute et à écailles très-délicates et mal connues.

3° Les *Stenostoma*, Ag., caractérisés seulement par des écailles très-petites, et paraissant être voisins des *Rhacolepis*, Ag.

Genre BERYX, Cuvier.

D'après ce que nous avons dit plus haut, nous plaçons dans le genre Beryx les espèces qui ont le corps comprimé et élevé, une tête courte et obtuse dont les os sont plus ou moins dentelés, une dorsale unique, assez longue, supportée en avant par des rayons épineux serrés, une anale munie aussi antérieurement de quelques rayons épineux, une caudale portant à sa base quelques épines, et enfin des écailles bordées par une dentelure très-prononcée.

[1] Geology and Fossils of Sussex, 1850, p. 372.

Beryx syriacus, Pictet et Humbert.

(Pl. I.)

DIMENSIONS :

Longueur du corps sans la queue .... 107 mm.
Longueur de la tête.. 42
Hauteur du corps... 70

Formes générales. Poisson rhomboïdal, élevé, dont la hauteur n'est comprise qu'une fois et demie dans la longueur sans la queue. Sa plus grande hauteur est située à peu près vers le milieu, et de là le profil descend en ligne droite jusqu'au bout du museau. Le pédicelle de la queue est court et peu rétréci.

Tête. La tête est à peu près aussi haute que longue ; l'œil est médiocre (13 millim. de diamètre), situé un peu en avant du milieu et près du bord supérieur. La gueule est largement ouverte. L'intermaxillaire forme la plus grande partie du bord de la mâchoire supérieure ; il est échancré non loin de sa base supérieure, et les deux divisions très-inégales qui résultent de cette échancrure sont arquées en avant. Il porte de petites dents serrées, plus grandes en dessus de l'échancrure et plus petites en dessous. L'os maxillaire, situé en arrière du précédent, le dépasse à la partie inférieure, où il est considérablement élargi. On distingue de petites dents sur les palatins, mais nous n'avons pas pu voir s'il en existe sur le vomer. La mâchoire inférieure est à peu près de la même longueur que la supérieure, et porte de petites dents semblables à celles de cette mâchoire. Les pièces operculaires sont peu étendues, plus hautes que larges ; leur bord postérieur est oblique en avant ; l'opercule et le préopercule ont (au moins en partie) leur bord pectiné comme celui des *Myripristis*. On remarque, en outre, sur la joue des pectinations analogues qui paraissent être des bords d'écailles. Les rayons branchiostèges, surtout les deux supérieurs, sont robustes ; nous n'avons pu compter leur nombre.

Colonne épinière et côtes. Nous estimons à 28 environ le nombre des vertèbres. Elles sont plus hautes que larges, et l'ensemble de la colonne épinière est convexe en dessus dans la partie antérieure. Les apophyses sont trop cachées par les écailles pour pouvoir être décrites.

Nageoires impaires. La nageoire *dorsale* commence sensiblement en arrière du milieu, et se trouve par conséquent située dans la région oblique qui est comprise entre la plus grande hauteur et le pédicelle de la queue ; sa longueur totale est de 36 millim. Elle est portée en avant par six rayons épineux, dont le dernier est le plus long

(25 millim.), et qui sont profondément sillonnés dans le sens longitudinal. Le reste de la nageoire est soutenu par une dizaine de rayons mous ramifiés qui décroissent uniformément. La nageoire *anale* a 31 millim. de longueur. Elle ressemble beaucoup à la dorsale, sauf que nous n'y comptons que cinq rayons épineux ; ces rayons sont, du reste, aussi longs que ceux de la dorsale et également sillonnés. Ces deux nageoires sont sensiblement à la même distance du bout du museau. La nageoire *caudale* est mal conservée ; elle paraît avoir été large et bilobée.

Nageoires paires. Les nageoires *pectorales* paraissent avoir eu un développement médiocre ; elles sont portées en avant par un arc très-oblique, qui, à son extrémité inférieure, soutient également les *ventrales*. Celles-ci, dont l'origine est en conséquence un peu en avant des pectorales, présentent un fort rayon épineux sillonné et des rayons mous que nous n'avons pas pu compter.

Écailles. Les écailles ne sont pas de grande dimension ; elles sont plus hautes que larges ; leur moitié postérieure est marquée de fortes carènes horizontales, qui se terminent chacune sur le bord libre par une pointe aiguë ; ces pointes, un peu inégales, sont le plus souvent au nombre d'une vingtaine. Nous n'avons pas pu estimer le nombre des rangées d'écailles, mais il y en a certainement plus de 20 dans une ligne verticale et plus de 40 dans la longueur du corps.

Rapports et différences. Cette espèce a une partie des caractères des Hoplopteryx, et, en particulier, sa nageoire dorsale est supportée en avant par des rayons épineux plus nombreux et plus forts que dans les Beryx vivants et que dans la plupart des espèces fossiles. Nous la considérons néanmoins comme un véritable Beryx, et cela par les motifs suivants :

1º Ses rayons épineux sont beaucoup plus serrés les uns contre les autres et plus liés avec le reste de la nageoire que cela n'a lieu dans l'*Hoplopteryx antiquus*.

2º Nous avons bien vu sur ce poisson les pectinations des os de la tête, mais pas les véritables crêtes frontales qui semblent caractériser les Hoplopteryx.

3º Nous devons faire remarquer enfin que ses principales analogies spécifiques sont avec les *Beryx Zippei*, Ag. et *B. superbus*, Dixon. Les rayons épineux de sa dorsale ressemblent beaucoup à ceux de ces deux espèces par leurs dimensions, leur courbure, etc. ; ceux de son anale sont remarquablement semblables à ceux de cette même nageoire dans le *B. superbus*, qui sont infléchis et cannelés exactement de la même manière.

Notre espèce ne peut d'ailleurs être confondue avec aucune de celles qui ont été décrites. Elle se distingue facilement du *B. Zippei*, dont la dorsale plus longue commence beaucoup plus près de la nuque, et des *B. superbus* et *B. ornatus*, dont les écailles sont beaucoup plus grandes ; chez ce dernier, en particulier, on ne trouve dans la longueur que vingt-cinq rangées d'écailles qui présentent sur leur bord postérieur plusieurs séries concentriques de piquants. Le *B. radians*, Ag. a, comme le nôtre, des écailles dont le bord n'est muni que d'une seule rangée de dentelures profondément entaillées; mais ces écailles sont encore plus grandes que dans notre espèce, puisque l'on n'en compte qu'une trentaine dans la longueur du corps; il est d'ailleurs plus long proportionnellement à sa hauteur. Le *B. syriacus* est évidemment encore plus éloigné du *B. microcephalus*, Ag., caractérisé par un corps effilé et grêle.

Localité. Sahel Alma.

Explication des figures.

Pl. I. *Fig. 1 a et 1 b.* **Beryx syriacus**, Pict. et Humb. (Empreinte et contre-empreinte.) Musée de Genève.
     Fig. 1 c.   Rayons épineux de la dorsale, grossis.
     Fig. 1 d.   Quelques écailles grossies.

BERYX VEXILLIFER, Pictet.

(Pl. II, fig. 1-3.)

Pictet. Poissons du Liban, p. 8, pl. I, fig. 1.

Cette espèce a déjà été décrite dans le premier travail sur les poissons du Liban; mais de nouveaux échantillons nous permettent aujourd'hui de compléter sa description sur plusieurs points importants et de la rectifier sur d'autres. Nous sommes, en particulier, à même d'en donner des figures meilleures que celle de l'ouvrage précité.

DIMENSIONS :

Longueur totale	75 mm.
Longueur du corps sans la queue	59
Hauteur du corps	25
Longueur de la tête	28

FORMES GÉNÉRALES. Ce poisson est régulier, en forme d'ovale allongé; sa hauteur est comprise trois fois dans la longueur totale et deux fois et demie dans la longueur du corps sans la queue.

TÊTE. La tête est un peu plus longue que haute; l'œil est assez grand (8 millim.), situé en avant du milieu et près du bord supérieur. La bouche est assez largement ouverte; l'intermaxillaire forme la plus grande partie du bord de la mâchoire supérieure; il est mince et arqué en avant; le maxillaire supérieur, mince à la base, s'élargit considérablement un peu avant l'extrémité; il est également arqué du côté antérieur; la mâchoire inférieure est triangulaire; on voit sur l'une et l'autre mâchoire de très-petites dents serrées. Les pièces operculaires forment un ensemble plus haut que long;

l'angle du préopercule présente quelques dents ; nous n'en avons point vu sur le bord de l'opercule ; les joues paraissent un peu rugueuses. Les rayons branchiostèges sont au moins au nombre de huit ; les antérieurs sont très-minces, les cinq postérieurs sont larges.

Colonne épinière et côtes. La colonne épinière est composée d'environ 30 vertèbres, dont 15 à 16 caudales. Les corps sont plus hauts que longs. Les neurapophyses sont courtes dans la partie antérieure ; elles atteignent leur maximum de longueur vers le milieu ; dans la région caudale, elles diminuent et s'infléchissent en arrière. Les hæmapophyses de cette région sont symétriques aux neurapophyses. Nous n'avons point pu voir d'apophyses rayonnantes.

Nageoires impaires. La nageoire *dorsale* est assez allongée (18 millim.) ; elle naît un peu en avant du milieu du corps, ce milieu correspondant à peu près à son cinquième ou à son sixième rayon ; elle est très-élevée, sa hauteur égalant presque celle du corps. L'étude de nouveaux échantillons nous force à modifier un peu ce que nous avions dit dans notre premier travail sur le nombre de ses rayons. Elle en a en totalité de 19 à 20 ; les rayons épineux de sa partie antérieure, qui sont difficiles à distinguer des rayons mous qui les suivent, ne semblent pas être au nombre de plus de 3 à 5. La nageoire *anale* naît à peu près au niveau du tiers postérieur de la dorsale ; elle est plus courte que celle-ci, et paraît composée de 13 à 14 rayons, dont les deux premiers seulement sont épineux. La nageoire *caudale* est peu profondément bilobée.

Nageoires paires. Les *pectorales* sont peu développées et composées de rayons fins, dont l'on ne retrouve pas l'empreinte sur tous les échantillons. Les *ventrales* sont situées au-dessous des pectorales ; elles sont très-développées, ayant au moins 15 millim. de longueur, et sont composées de rayons mous nombreux dont nous avons compté au moins huit.

Écailles. Les écailles sont sensiblement plus hautes que longues ; leur bord libre est arrondi et pectiné par des épines plus petites et plus nombreuses que dans le *Beryx syriacus*. De nouveaux échantillons nous ont montré que ce qui avait été désigné comme un second cercle d'impressions plus petites, n'est en réalité produit que par la base des cannelures qui correspondent à l'intervalle des épines marginales. Les écailles forment à peu près dix rangées longitudinales, et on en compte environ une trentaine dans la longueur.

Rapports et différences. Par le petit nombre des rayons épineux de sa dorsale et de son anale et par leurs faibles dimensions, cette espèce reproduit mieux que la précédente les caractères typiques du genre. Elle se distingue, du reste, de toutes les espèces connues vivantes et fossiles par la hauteur de sa dorsale. Elle a sous ce point de vue quelques ressemblances avec l'*Homonotus dorsalis*, Dixon. Le genre *Homonotus* n'est d'ailleurs connu, comme nous l'avons dit, que d'une manière insuffisante, et il nous est impossible d'en apprécier complétement la valeur. M. Dixon lui attribue, outre les caractères tirés de sa dorsale, des vertèbres plus grêles que dans les Beryx, une tête plus petite et des écailles très-délicates et rarement conservées, ce qui forme un ensemble bien différent de ce que l'on voit chez notre espèce.

Localité. Hakel.

Explication des figures.

Pl. II. Fig. 1 et 2. *Beryx vexillifer*, Pictet. — Musée de Genève.
    Fig. 2 a.   Quelques écailles grossies.
    Fig. 3.   Restauration du squelette.

Genre PSEUDOBERYX, Pictet et Humbert.

Bouche médiocrement ouverte.

Pièces operculaires ornées de stries nombreuses et irrégulières, qui forment des denticulations sur leur bord libre.

Os sous-orbitaires et os de la joue denticulés ou granuleux.

Nageoire dorsale unique, à peu près médiane, composée presque uniquement de rayons mous.

Nageoire añale petite.

Nageoire caudale bilobée.

Nageoires pectorales assez grandes.

Nageoires ventrales situées en arrière de l'abdomen, à peu près au milieu de la longueur totale du corps.

Écailles grandes, pectinées sur leur bord libre.

Ce genre présente des caractères que l'on ne trouve pas associés ensemble dans la nature vivante. Les écailles appartiennent évidemment au type des Cténoïdes, et ressemblent beaucoup à celles des *Holocentrum* et des *Beryx*. Cette analogie est rendue plus frappante encore par les granulations et les stries qui se trouvent sur les os de la tête et en particulier sur les pièces operculaires. En même temps, la position des nageoires ventrales est la même que chez les poissons abdominaux. Il forme donc évidemment un type nouveau.

PSEUDOBERYX SYRIACUS, Pictet et Humbert.

(Pl. II, fig. 4-6.)

DIMENSIONS :

Longueur totale... 60 à 63 mm.
Longueur sans la queue 48
Hauteur du corps 26

FORMES GÉNÉRALES. Ce poisson a une forme ovale peu allongée, sa hauteur étant comprise à peu près deux fois et demie dans la longueur totale.

TÊTE. La tête est courte, environ aussi longue que haute ; le profil continue à peu près la courbure du dos. L'œil est très-grand, situé près du bord supérieur et à peu près à égale distance du bout du museau et du bord postérieur de l'opercule. La bouche est médiocre ; les os qui la composent sont trop mal conservés pour être décrits. Les pièces operculaires sont peu étendues, formant un ensemble haut et étroit ; elles sont ornées de stries nombreuses, souvent interrompues, qui se terminent sur le bord libre en denticulations fines. Le préopercule a son bord postérieur droit, marqué de stries horizontales fortes et courtes ; son angle postérieur, qui est arrondi, présente des stries plus longues, plus serrées et plus irrégulières. L'opercule est subtriangulaire, strié de lignes fines, ondulées, rayonnant depuis la partie supérieure jusqu'au bord inférieur. Le sous-opercule et l'interopercule sont petits et ont des stries rayonnantes plus ou moins horizontales. On remarque en outre quelques stries et quelques granulations sur les os des joues.

COLONNE ÉPINIÈRE. La colonne épinière n'est connue que par des impressions très-imparfaites cachées par celles des écailles ; elle est à peu près droite et composée de 28 vertèbres.

Nous n'avons pu voir ni les côtes ni les apophyses.

NAGEOIRES IMPAIRES. La nageoire *dorsale* a son origine un peu en avant du milieu du corps sans la queue. Nous n'avons pu préciser ni sa longueur ni le nombre de ses rayons, qui est au moins de 12. Les rayons épineux, s'ils existent, sont très-peu nombreux. Sa hauteur est assez considérable, et atteint à peu près les deux tiers de celle du corps. La nageoire *anale* est très-petite, située en arrière de la terminaison postérieure de la dorsale. La *caudale* est profondément divisée en deux lobes aigus.

NAGEOIRES PAIRES. Les nageoires *pectorales* sont assez considérables et composées d'au moins une dizaine de rayons. Les nageoires *ventrales* sont situées très-en arrière des précédentes et à peu près vers le milieu de la longueur totale, c'est-à-dire tout à fait dans la position qu'elles occupent chez les poissons abdominaux.

Écailles. Les écailles sont grandes, beaucoup plus hautes que longues, arrondies sur leur bord libre, où elles sont ornées d'environ 25 épines semblables à celles des Beryx. Nous ne comptons que 10 rangées longitudinales et 50 écailles entre l'opercule et la queue.

Localité. Hakel.

Explication des figures.

Pl. *II. Fig. 4.*   *Pseudoberyx syriacus*, Pict. et Humb. — Musée de Genève.
    Fig. 4 a.   Quelques écailles grossies.
    Fig. 5.   Autre échantillon de la même espèce. — Musée de Genève.
    Fig. 6.   Restauration du squelette.

PSEUDOBERYX BOTTÆ, Pictet et Humbert.

(Pl. II, fig. 7.)

DIMENSIONS :

Longueur totale.. 39 mm.
Longueur sans la queue 31
Hauteur du corps 10

Formes générales. Le corps forme un ovale beaucoup plus allongé que dans l'espèce précédente, sa hauteur étant comprise presque quatre fois dans la longueur totale.

Tête. La tête est plus longue que dans le *Pseudoberyx syriacus*, sa longueur dépassant sa hauteur d'un quart au moins ; cette différence provient surtout de l'opercule, qui est plus long à proportion ; il est du reste strié des mêmes lignes rayonnantes qui rendent son bord denticulé. Des stries et des dentelures analogues se retrouvent sur d'autres pièces operculaires et sur les os de la joue.

Colonne épinière. La colonne épinière paraît présenter une différence importante en ce qu'elle n'a que 25 vertèbres. Sa forme est la même que dans l'espèce précédente.

Nageoires impaires. La nageoire *dorsale* naît de la même manière que dans le *Pseudoberyx syriacus*, et paraît être composée comme chez cette espèce. La hauteur de son plus grand rayon est de 10 millim., c'est-à-dire qu'elle égale la hauteur du corps. L'*anale* manque. La *caudale* est profondément divisée en deux lobes aigus.

Nageoires paires. Les nageoires *pectorales* manquent. Les *ventrales* naissent un peu en avant du milieu de la longueur totale.

Écailles. Les écailles nous ont paru être composées comme dans l'espèce précédente, et former un nombre de lignes à peu près identique.

Rapports et différences. C'est avec quelque doute que nous avons séparé cette espèce de la précédente, vu les rapports considérables qu'elles présentent dans l'écaillure et dans la disposition des nageoires. Il nous a paru cependant que leur distinction se justifiait par les considérations suivantes : Le *P. Bottæ* est en forme d'ovale beaucoup plus allongé ; son opercule est notablement plus long par rapport à sa hauteur ; sa dorsale est plus haute ; ses ventrales sont situées un peu plus en avant ; enfin sa colonne épinière n'est composée que de 25 vertèbres au lieu de 28.

Localité. Hakel.

Explication des figures.

Pl. II. Fig. 7. Pseudoberyx Bottæ, Pict. et Humb. — Musée de Genève.

FAMILLE DES CHROMIDES

La famille des Chromides, telle que nous l'entendons ici, a été établie par Heckel [1]. Elle est caractérisée principalement par la soudure des os pharyngiens inférieurs, ce qui la fait rentrer dans le groupe des Pharyngognathes. Elle comprend des poissons acanthoptérygiens, pour la plupart cténoïdes, le plus souvent marins, quelquefois d'eau douce, qui ont été en général confondus dans les méthodes précédentes avec les Labroïdes et avec les Sciénoïdes. J. Müller, dans son mémoire classique sur la classification des poissons [2], tout en admettant en principe les analogies qui lient entre eux ces Chromides de Heckel et en les plaçant dans les Pharyngo-

---

[1] Annalen des Wiener Museums, II. Band, p. 330 et 440.

[2] *Müller (J.)*. Ueber den Bau und die Grenzen der Ganoiden, etc. Mémoire lu à l'Académie de Berlin le 12 décembre 1844 ; publié dans les Mémoires de l'Académie de 1846. — Un extrait en a paru dans les « Archiv für Naturgeschichte, 1845, p. 91-141, » et a été traduit par M. C. Vogt dans les « Annales des sciences naturelles. » 3ᵐᵉ série, tome IV, 1845, p. 5. — Voyez aussi un mémoire antérieur de J. Müller : Beiträge zur Kenntniss der natürlichen Familien der Fische, Archiv für Naturgeschichte, 1843, I, p. 292, lu à l'Académie des Sciences de Berlin les 16 et 23 juin 1842 et le 3 août 1843.

gnathes, pense qu'ils doivent être scindés en deux familles : l'une, celle des *Chromides,* qui correspondrait aux *Chromis* et à quelques genres voisins placés par Cuvier dans la famille des Labroïdes ; l'autre, celle des *Pomacentrides* ou Labroïdes cténoïdes, qui se composerait des genres placés par Cuvier à la suite des Sciénoïdes et distincts du reste de la famille par la présence de moins de sept rayons branchiaux et par leur ligne latérale interrompue ; elle comprendrait les *Amphiprion, Premnas, Pomacentrus, Dascyllus, Glyphisodon, Heliases.*

Les poissons du Liban que nous avons à décrire ici ne représentent assez exactement aucun des types vivants, pour que nous puissions les faire rentrer dans l'un de ces groupes plutôt que dans l'autre. Nous adoptons donc la famille dans son sens le plus général.

Nous avons placé ces espèces dans l'ordre des Pharyngognathes sur l'autorité de Heckel, et en nous en référant tout à fait à ce que cet habile observateur dit avoir vu. C'est, en effet, lui qui a établi le genre Pycnosterinx dans lequel elles rentrent. Il l'a caractérisé par la soudure des os pharyngiens inférieurs munis de petites dents en velours, par les rayons branchiostègues au nombre de cinq et par les nageoires ventrales supportées par un rayon épineux et cinq rayons mous. Nous n'avons pu vérifier aucun de ces caractères, et en particulier pas le premier ; nous ne pouvons toutefois émettre aucun doute sur leur existence.

Si nous nous étions bornés aux caractères que nous avons pu observer, nous aurions été plus frappés par les analogies de nos Pycnosterinx avec deux autres groupes.

L'une résulte de leur comparaison avec les Beryx que nous avons décrits ci-dessus. Ces deux genres ont un rapport frappant dans le facies, dans la composition des nageoires verticales et dans la nature des écailles. Nous aurions donc cru avoir des motifs légitimes pour les considérer comme appartenant au même groupe naturel.

Une autre analogie qui a attiré notre attention est celle qui existe entre ces poissons et quelques Squammipennes. Cuvier avait déjà fait remarquer les rapports des Sciénoïdes à moins de sept rayons branchiaux avec les Chétodontes ; nos Pycnosterinx et surtout le *P. discoides* en sont évidemment encore plus voisins.

Ainsi que M. Vogt[1] l'a fait remarquer, le caractère sur lequel est basé l'ordre des Pharyngognathes n'est ni si absolu ni si important qu'il peut le paraître au premier abord. L'on voit, en effet, que dans certains genres les deux pharyngiens sont complétement soudés et ne se présentent plus que sous la forme d'un os impair, tandis que dans d'autres la soudure est incomplète et que les deux os sont seulement réunis par un cartilage. Ne serait-il donc pas possible que certains types fossiles, tels que les Pycnosterinx, présentassent un passage entre les Pharyngognathes et quelques familles de l'ordre des Acanthopteri de Müller, telles que les Percoïdes ou les Squammipennes. Ces trois familles, les Percoïdes, les Chromides et les Squammipennes, aujourd'hui assez éloignées les unes des autres dans la méthode naturelle, ont été représentées dans la période crétacée par des types évidemment plus voisins les uns des autres. Il semble y avoir eu là un exemple de divergence semblable à ceux que l'on observe dans d'autres groupes du règne animal.

Genre PYCNOSTERINX, Heckel, 1843[2].

La caractéristique suivante est la traduction de celle qui a été donnée par Heckel :

Bouche médiocrement fendue; chaque mâchoire munie d'une rangée étroite de dents en velours courtes et fines.

Plaque des os pharyngiens inférieurs rhomboïdale (?), garnie de dents en velours, courtes, droites et très-serrées, dont celles qui sont placées plus en arrière deviennent graduellement plus fortes et presque coniques.

Opercule arrondi; préopercule finement dentelé sur son bord.

[1] Annales des sciences naturelles; 1845, tome IV, p. 67.
[2] Abbildungen und Beschreibungen der Fische Syriens, p. 235 (337), pl. XXIII

Arcs branchiaux externes munis à leur bord antérieur de larges apophyses osseuses cultriformes, sur le milieu desquelles se trouve un crochet
tourné en haut.

Rayons branchiostègues 5.

Nageoires dorsale et anale simples, longues, commençant par des rayons
épineux serrés les uns contre les autres et s'allongeant par degrés; la première naissant au milieu du corps (sans la queue).

Nageoires ventrales échancrées.

Écailles serrées, couvrant l'occiput, l'opercule, les joues, le tronc et une
partie des nageoires verticales; elles sont petites, rondes, épaisses, avec des
cercles concentriques lisses, dont le point médian se trouve dans la moitié
postérieure, et un bord simple mais portant des dentelures aiguës.

Vertèbres courtes; 9 à 11 abdominales, 17 à 18 caudales.

Côtes courtes, grêles; les postérieures s'appuyant sur de longues apophyses transversales.

PYCNOSTERINX DISCOIDES, Heckel.

(Pl. III, fig. 1 et 2.)

Heckel. Abbildungen und Beschreibungen der Fische Syriens, 1843, p. 288 (340), pl. XXIII, fig. 3.
Pictet. Description de quelques poissons fossiles du mont Liban, 1850, p. 57.

DIMENSIONS :

Longueur totale... 68 mm.
Longueur du corps sans la queue.. 50
Hauteur du corps 50
Longueur de la tête... 23

FORMES GÉNÉRALES. Ce poisson a une forme discoïdale, la hauteur du corps étant sensiblement égale à la longueur sans la queue. Le profil forme une ligne très-oblique,
faiblement convexe en avant; le pédicelle de la queue est court et épais.

TÊTE. La tête est beaucoup plus haute que longue. L'œil est médiocre et situé à peu
de distance de l'extrémité du museau et près du bord supérieur. La bouche est assez
grande; l'os intermaxillaire forme la plus grande partie de son bord supérieur; il est
échancré vers son tiers supérieur et arqué en avant dans le reste de sa longueur; le

maxillaire, qui est situé en arrière, le dépasse et s'élargit à son extrémité. La mâchoire inférieure est épaisse. D'après Heckel, les deux mâchoires seraient armées de très-petites dents ; mais nous n'avons pas pu nous assurer d'une manière certaine de leur présence. Les pièces operculaires sont mal conservées. Heckel dit que le préopercule descend verticalement et que son angle inférieur est aigu, finement denté et sillonné. Nous n'avons également pas pu voir les particularités d'organisation des os pharyngiens que signale cet auteur.

Colonne épinière et côtes. Nous comptons 26 vertèbres depuis l'origine de la queue jusqu'à l'opercule, et nous estimons que le nombre total doit être de 28 à 30, sur lesquelles il y en a 18 caudales. Ces vertèbres, surtout les abdominales, sont plus hautes que longues. Les neurapophyses et les hæmapophyses ont laissé de fortes empreintes et paraissent avoir été robustes.

Nageoires impaires. La nageoire *dorsale* a son origine au niveau du milieu de la longueur du corps et à l'endroit qui correspond à la plus grande hauteur. Elle est portée par une trentaine de rayons, dont les huit premiers sont épineux et croissent uniformément et rapidement depuis le premier au huitième ; les plus grands atteignent une longueur de 16 millimètres. Cette nageoire s'étend jusqu'à une petite distance de l'origine de la queue. La nageoire *anale* a son origine en dessous du milieu de la dorsale, et lui ressemble par sa forme. Elle est portée par 21 rayons, dont 6 épineux ; le sixième, qui est le plus grand, atteint une longueur de 12 ¹/₂ millimètres. Cette nageoire s'étend également ment jusque près de la caudale, et se termine à niveau de la dorsale. La nageoire *caudale* est large et divisée en deux lobes obtus.

Nageoires paires. Dans nos échantillons, les nageoires *pectorales* n'ont pas laissé de traces. Les *ventrales* sont portées par l'arc pectoral ; elles sont mal conservées, et nous n'avons pas pu estimer le nombre de leurs rayons ; le premier est épineux et épais.

Écailles. Les écailles sont petites, plus hautes que longues ; leur bord libre est arrondi et muni d'un rang de très-petites dentelures aplaties. Quoiqu'il ne nous ait pas été possible d'apprécier exactement le nombre des rangées, nous avons cependant pu vérifier approximativement les chiffres donnés par Heckel qui a compté 30 écailles dans une ligne verticale et 40 à 50 rangées entre l'opercule et la queue. Quelques-unes de ces écailles recouvrent les pièces operculaires, les côtés de la tête, ainsi que la base des nageoires verticales, à l'exception de la queue.

Localité. Sahel Alma.

Explication des figures.

Pl. III. Fig. 1. *Pycnosterinx discoides*, Heckel. — Musée de Genève.
    Fig. 2 a. Quelques écailles grossies.
    Fig. 2 b. Nageoire caudale d'un autre échantillon.

PYCNOSTERINX HECKELII, Pictet.

(Pl. III, fig. 3 et 4.)

Pictet. Poissons du Liban, 1850, p. 15, pl. II, fig. 1 et 2.

Nous avons eu quelques nouveaux échantillons de cette espèce, mais aucun n'est assez bien conservé pour nous permettre d'en donner une description beaucoup plus complète que l'ancienne. En particulier, nous avons été embarrassés pour apprécier exactement la forme générale, parce que, parmi ces poissons, il y en a qui ont été évidemment raccourcis par la fossilisation, tandis que d'autres ont été allongés. Nous en figurons deux nouveaux échantillons ; l'un deux paraît bien conservé dans sa région abdominale et dans sa région caudale, et il peut, à ce que nous croyons, donner une idée assez exacte de ces régions ; mais la destruction ou la perturbation de toutes les parties antérieures de la tête lui donnent certainement une apparence beaucoup plus discoïdale que cela ne devrait être ; l'autre, qui est beaucoup moins bien conservé dans la région de la queue, peut mieux faire comprendre la tête et ses proportions relativement au reste du corps. Nous pensons donc que les deux figures du précédent mémoire doivent donner une idée assez juste de la forme normale de l'espèce, et que les deux nouvelles ne peuvent servir qu'à les compléter.

Nous renvoyons pour la description à l'ouvrage précité, nous bornant à donner ici quelques détails qui la corrigent ou la complètent.

Tête. Un nouvel échantillon nous a permis de constater que l'angle inférieur du préopercule est réellement dentelé.

Colonne épinière et côtes. Nous devons revenir en partie sur ce qui a été dit de la courbure de la colonne épinière. De nouveaux exemplaires nous montrent une colonne plus droite et semblent prouver que la courbure avait été accidentellement exagérée dans les premiers individus figurés. Nous croyons pouvoir porter aujourd'hui à 26 le nombre des vertèbres comprises entre l'opercule et la queue, et probablement à 29 ou 30 le nombre total. Nous comptons 16 caudales.

Nageoires impaires. La nageoire *dorsale* naît vers la partie la plus élevée du corps. Elle paraît soutenue par au moins 18 rayons, dont les premiers sont épineux ; les plus grands atteignent une longueur de 16 millimètres. L'*anale* est soutenue par 12 rayons, dont 3 sont épineux ; le plus grand atteint une longueur de 12 $^1/_2$ millimètres. La *caudale* est profondément divisée en deux lobes peu aigus ; ces lobes atteignent une longueur de 25 millimètres.

Nageoires paires. Nous n'avons vu que quelques traces confuses de la *pectorale*. La *ventrale* paraît assez développée et composée de rayons passablement longs. Elle est insérée au-dessous de la pectorale.

Rapports et différences. Les principales différences qui nous frappent aujourd'hui entre les *P. Heckelii* et *P. discoïdes* se trouvent surtout dans les nageoires impaires, supportées dans le premier par des rayons beaucoup moins nombreux. Cette même espèce n'a que 16 vertèbres caudales au lieu de 18.

Localité. Sahel Alma.

Explication des figures.

Pl. III. Fig. 3. Pycnosterinx Heckelii, Pictet. — Musée de Genève.
 Fig. 4. Idem. — Musée de Genève.

PYCNOSTERINX DORSALIS, Pictet.

Pictet, 1850. Poissons du Liban, p. 17, pl. II, fig. 3.

Nous n'avons retrouvé aucun exemplaire de cette espèce, et nous n'avons, par conséquent, rien à ajouter à sa description.

Ce Pycnosterinx se distingue des deux précédents par son corps qui forme un ovale beaucoup plus allongé et par la hauteur de sa dorsale. Il a plus de rapports avec le *P. Russeggerii* de Heckel qu'avec les autres espèces du genre, et paraît s'en distinguer soit par la longueur de sa dorsale, soit par le nombre de ses vertèbres caudales, qui est d'au moins 20 au lieu de 17 ou de 18, soit enfin par sa nageoire anale, qui est supportée en avant par de très-forts rayons épineux.

Localité. Sahel Alma.

PYCNOSTERINX RUSSEGGERII, Heckel.

Heckel, 1843. Fische Syriens, p. 236, pl. XXIII, fig. 1 *a*.

Nous n'avons eu entre les mains aucun échantillon de cette espèce.
Localité. Sahel Alma.

Pycnosterinx elongatus, Pictet et Humbert.

(Pl. III, fig. 5 et 6.)

DIMENSIONS :

Longueur totale.........	60 mm.
Longueur de la queue...	17
Hauteur du corps..........	16

Formes générales. Ce poisson est en forme d'ovale allongé, sa hauteur étant comprise près de quatre fois dans sa longueur totale et un peu moins de trois fois dans la longueur sans la queue.

Tête. La tête est comprise un peu plus de trois fois dans la longueur totale ; sa partie supérieure forme un profil régulier et peu convexe ; le bord postérieur de l'œil correspond à peu près au milieu de la tête. La bouche est peu fendue ; son bord est formé par l'intermaxillaire, qui est étroit ; le maxillaire supérieur est plus large, surtout dans son milieu ; la mâchoire inférieure est mince. L'opercule paraît terminé en arrière par une pointe ; le préopercule porte quelques dents sur son bord inférieur. Le sous-orbitaire présente quelques dentelures.

Colonne épinière et côtes. La colonne épinière est composée de 28 à 29 vertèbres, dont 17 caudales ; elle est à peu près droite, et donne naissance à des neurapophyses et à des hæmapophyses assez solides, espacées et peu inclinées. Les côtes sont minces et fortement inclinées en arrière ; on ne voit pas les apophyses divergentes.

Nageoires impaires. La nageoire *dorsale* a son origine vers le tiers antérieur de la longueur totale ; elle est longue et supportée par 30 à 32 osselets porte-nageoire. Les rayons paraissent être à peu près en même nombre ; les premiers sont très-serrés et épineux, au nombre d'au moins quatre ; le plus grand rayon est mou et atteint une longueur d'au moins 14 millimètres ; les derniers sont plus écartés, mais mal conservés. La nageoire *anale* a son origine à peu près sous le milieu de la dorsale ; elle a la même forme, et est supportée par un nombre de rayons que nous n'avons pas pu estimer exactement, mais qui doit être supérieur à 20 ; les trois premiers au moins sont épineux ; le plus grand rayon mou atteint une longueur de 12 millimètres. A l'origine de la nageoire correspond un fort osselet qui s'étend jusqu'à la première vertèbre caudale. La nageoire *caudale* est grande et profondément divisée en deux lobes aigus.

Nageoires paires. Les nageoires *pectorales* n'ont pas laissé de traces suffisantes pour pouvoir être décrites. Les *ventrales* sont portées par deux longues pièces triangulaires, dont l'extrémité antérieure repose sur l'arc pectoral ; nous n'avons pas pu compter le nombre de leurs rayons.

Écailles. Les écailles sont marquées de stries longitudinales irrégulières et un peu flexueuses; les parties saillantes comprises entre ces stries se relèvent vers le bord libre pour former des pointes marginales. La ligne latérale est bien marquée; elle est parallèle à la colonne épinière et située un peu au-dessus d'elle. Nous n'avons pas pu apprécier le nombre des rangées d'écailles.

Rapports et différences. Ce n'est pas sans quelque hésitation que nous avons rapporté ce poisson au genre Pycnosterinx, car il est bien plus allongé qu'aucune espèce connue, même que le *P. Russeggerii*. Mais à part cette circonstance, ses caractères concordent en général avec ceux du genre; les nageoires verticales sont constituées tout à fait de la même manière que dans les autres espèces auxquelles elle ressemble en outre par la forme de ses mâchoires, la position de l'œil, les épines du préopercule, le nombre des vertèbres, etc. Nous pourrions même ajouter que les stries irrégulières des écailles présentent une analogie très-marquée avec celles que l'on voit chez le *P. Heckelii*. Nous ne doutons pas que si nous avions eu sous les yeux des exemplaires suffisamment bien conservés de ces deux espèces, nous n'eussions pu trouver dans ces stries des preuves importantes d'analogie.

Localité. Sahel Alma.

Explication des figures.

Pl. III. Fig. 5 et 6. Pycnosterinx elongatus, Pictet et Humbert. — Musée de Genève.

PYCNOSTERINX NIGER, Pictet et Humbert.

Beryx niger, Costa, 1855. Descrizione di alcuni pesci fossili del Libano, p. 4, pl. II, fig. 1.

Nous n'avons aucun doute que le poisson figuré par M. Costa sous le nom de *Beryx niger* n'appartienne au genre Pycnosterinx. Il est voisin du *P. dorsalis*, Pictet, dont il diffère par sa nageoire dorsale beaucoup plus petite et par sa hauteur un peu moindre. Il se rapproche encore plus du *P. Russeggerii*, Heckel, et il ne serait même pas impossible qu'il dût lui être réuni.

Localité. Suivant toute probabilité, l'échantillon de M. Costa provenait de Sahel Alma.

Genre IMOGASTER, Costa.

Costa, O.-G. 1855. Descrizione di alcuni pesci fossili del Libano, page 6.

Nous plaçons avec doute à la fin de la famille des Chromides ce genre que nous n'avons pas vu en nature, et dont nous avons quelque peine à bien apprécier les véritables rapports. Il ressemble un peu à la fois aux Beryx et aux Pycnosterinx. Son corps est, comme dans ces deux genres, ovale et court; ses écailles sont fortement dentelées, et sa nageoire anale est soutenue en avant par de forts aiguillons. Il diffère de tous deux par sa dorsale occupant tout le dos, depuis l'occiput jusqu'à la caudale, et soutenue en avant par des rayons fins et serrés. M. Costa ajoute que les nageoires ventrales sont abdominales; mais sa planche nous laisse quelques doutes à cet égard.

Imogaster auratus, Costa.

Loc. cit., p. 6, pl. I, fig. 2.

M. Costa n'indique pas la localité d'où lui est parvenue cette espèce, mais nous ne doutons pas, d'après la figure, que l'échantillon décrit n'ait été trouvé à Sahel Alma.

Genre OMOSOMA, Costa.

Costa, O.-G. 1855. Descrizione di alcuni pesci fossili del Libano, p. 10.

Le genre Omosoma a été établi en 1855, par M. O.-G. Costa, pour un poisson du Liban dont nous n'avons vu aucun fragment. L'auteur le place dans la famille des Scombéroïdes, et le rapproche des *Centrolophus*, dont il ne se distinguerait que par des caractères peu importants. Il le représente comme un poisson ovale, à longue dorsale commençant au tiers antérieur du corps, à anale presque aussi longue que la dorsale, à pectorales très-petites, à ventrales thoraciques, et couvert de petites écailles lisses et striées concentriquement.

Omosoma Sach-el-Almæ, Costa.

Loc. cit. p. 10, pl. I, fig. 1.

M. Costa a compté 45 rayons dans la dorsale et 33 vertèbres dans la colonne épinière. La longueur totale du poisson est de 90 millimètres, et sa plus grande hauteur de 32 millim.

Localité. Sahel Alma.

FAMILLE DES CARANGIDES

Nous acceptons ici cette famille telle qu'elle a été constituée par M. Günther [1], en réunissant une partie des Squammipennes de Cuvier avec une partie des Scombéroïdes du même auteur. M. Günther laisse le nom de Squammipennes aux genres chez lesquels la portion épineuse de la dorsale est composée de rayons nombreux, et a un développement presque égal à celui de la dorsale molle. Il réduit les Scombéroïdes à ceux qui ont le corps généralement allongé, couvert de petites écailles et dont les vertèbres dépassent le nombre de 24.

Ses Carangides sont caractérisés comme suit :

[1] Günther, 1860. Catal. of the Acanthopterygian Fishes in the Collect. of the British Museum, vol. II.

Corps généralement comprimé, oblong ou élevé, couvert de petites écailles ou nu; yeux latéraux. Dentition variable. Os infraorbitaires ne s'articulant pas avec le préopercule. Dorsale épineuse moins développée que la molle ou que l'anale, soit continue avec la portion molle, soit séparée de celle-ci, quelquefois rudimentaire. Rayons postérieurs de la dorsale et de l'anale quelquefois à demi disjoints. Ventrales thoraciques, quelquefois rudimentaires ou manquant entièrement. Pas de papille proéminente près de l'anus. Ouverture branchiale large; généralement sept rayons branchiostègues et des pseudobranchies[1]; une vessie natatoire; appendices pyloriques généralement en grand nombre[2]. Vertèbres 10/14. »

La seule espèce de cette famille que nous ayons à décrire est un *Platax*, et par conséquent serait un Squammipenne pour Cuvier.

Genre PLATAX, Cuvier.

Les Platax sont caractérisés ainsi par M. Günther:

« Corps très-comprimé et élevé; museau très-court. Une dorsale à portion épineuse presque entièrement cachée et généralement formée de 5 (3-7) épines, l'anale en ayant 3; ventrales bien développées, avec une épine et cinq rayons. Dents en soie, avec une série externe d'assez grandes, entaillées à l'extrémité; pas de dents sur le palais. Écailles de dimension modérée ou petites. Six rayons branchiostègues; vessie natatoire simple. »

Quoique nous rapportions sans hésiter au genre Platax l'espèce décrite ci-dessous, nous devons faire remarquer, ainsi que nous l'avions déjà dit dans le premier mémoire, qu'elle forme un groupe spécial, ses nageoires verticales étant bien moins développées que dans les espèces du Monte Bolca et dans les espèces vivantes. Nous attirons de nouveau l'attention

[1] Celles-ci manquent dans les *Lichia* et *Trachynotus*.
[2] Ils sont peu nombreux chez les *Equula* et *Lactarius*.

sur le fait que ce poisson a des ressemblances frappantes dans sa forme et dans la composition de ses nageoires avec les Pycnosterinx, ce qui confirme ce que nous avons dit précédemment en faisant remarquer combien les rapports qui existent entre les Cténoïdes de l'époque crétacée sont plus grands que ceux qu'on peut observer entre les membres de cette famille dans le monde actuel. Sauf la différence dans la dorsale que nous avons signalée ci-dessus, tous les caractères que nous avons pu observer s'accordent bien avec la caractéristique du genre. Nous devons toutefois faire remarquer que nous n'avons pu observer sur nos échantillons aucune trace de dents, et que, par conséquent, nous sommes encore dans l'ignorance sur leur organisation et même sur leur existence. D'un autre côté, nous trouvons de très-grands rapports entre ce poisson et une espèce de Comen décrite par M. Steindachner [1] sous le nom de *Aipichthys pretiosus*, et caractérisée comme suit : « Corps très-élevé, fortement comprimé; bouche largement fendue et fortement dentée. Dorsale très-longue et haute; anale plus courte. » La planche, qui représente un échantillon assez complet, montre de grandes analogies avec notre espèce dans la forme générale et dans celle de tout le squelette, analogies qui ne vont pas toutefois jusqu'à l'identité, vu que dans notre poisson la dorsale est moins échancrée et ne paraît pas se terminer par des rayons aussi allongés. D'ailleurs, si les dents du *Platax minor* avaient été aussi fortes que celles de l'*Aip. pretiosus*, il est probable qu'elles auraient été conservées sur quelqu'un de nos échantillons.

M. Steindachner attribue le genre Aipichthys à la famille des Scombéroïdes, et le considère comme intermédiaire entre les *Vomer* et les *Hynnis*. Il est évident que dans la méthode de M. Günther ce genre appartiendrait à la famille des Carangides; mais nous croyons que dans cette famille il doit faire partie de la division qui renferme les Platax et qui est caractérisée par des rayons épineux faisant partie intégrante des nageoires dorsale et anale. Il serait par conséquent séparé des Vomer et des Hynnis, chez lesquels l'une et l'autre de ces nageoires sont précédées par des épines tantôt libres, tantôt formant une dorsale antérieure.

[1] Sitzungsber. d. K. K. Akademie der Wissenschaften. Wien, 1859; tome XXXVIII, p. 768, pl. I, fig. 1.

PLATAX MINOR, Pictet.

(Pl. IV, fig. 1-3.)

Pictet, 1850. Poissons fossiles du Liban, p. 19, pl. II, fig. 1.

DIMENSIONS :

Longueur du corps sans la queue.. 39 mm.
Hauteur du corps... 37 à 39

FORMES GÉNÉRALES. Ce poisson a une forme rhomboïdale. La hauteur du corps, mesurée de l'origine de la dorsale à l'origine de l'anale, est à peu près égale à la longueur sans la queue. Le profil est droit et descend rapidement depuis l'origine de la
dorsale jusqu'au bout du museau. Cette origine de la dorsale correspond au point le
plus élevé, et l'origine de l'anale au point le plus bas.

TÊTE. La tête est courte et haute ; sa longueur est de 15 millimètres, et comprise par
conséquent environ 2 ¹/₂ fois dans la longueur du corps sans la queue. L'œil est médiocre.
La bouche est oblique et passablement fendue. L'opercule est plus haut que long, marqué
de fines lignes granuleuses et ramifiées rayonnant des angles supérieur et inférieur.
Le préopercule présente quelques lignes élevées parallèles à la longueur du corps. Au-
dessus de l'œil s'élève une pièce triangulaire qui forme une partie du profil, et qui est
concave en arrière et terminée par une forte pointe à sa partie supérieure.

COLONNE ÉPINIÈRE ET CÔTES. La colonne épinière est droite et paraît composée de
24 vertèbres, dont 14 caudales. Les apophyses épineuses sont peu inclinées, robustes ;
les plus grandes sont celles de la région médiane. Les hæmapophyses sont symétriques
aux neurapophyses dans la région caudale. Les côtes sont peu nombreuses, grêles et
atteignent à peine le milieu de la cavité abdominale.

NAGEOIRES IMPAIRES. La nageoire *dorsale* naît au-dessus de la partie postérieure de la
tête, et elle occupe tout le dos jusque près de l'origine de la queue. Elle est soutenue
par 29 osselets porte-nageoire, dont le premier se termine à la partie supérieure par
une sorte de crochet pointu dirigé en avant et formant le sommet du profil du front ;
en avant de lui, il y a trois osselets très-longs, élargis à leur extrémité supérieure, mais
ne portant pas de rayons. Les autres osselets sont longs et minces, et vont s'intercaler
entre les neurapophyses ; ils diminuent graduellement jusqu'à l'extrémité postérieure.
Les rayons de la nageoire sont à peu près en même nombre que les osselets porte-
nageoire ; les deux premiers seulement sont épineux ; le premier est très-court ; le
second, qui a une longueur au moins double, est loin d'atteindre la moitié de celle

du suivant. Le second rayon mou paraît être le plus long, atteignant une longueur de 16 millimètres ; les rayons suivants décroissent rapidement. La nageoire *anale* ressemble à la dorsale ; elle est supportée par 20 osselets porte-nageoire dont le premier, long et épais, limite en arrière la cavité abdominale. Ce rayon se courbe à sa partie inférieure en une pointe dirigée en avant ; il est suivi d'un second qui est presque aussi fort que lui ; les autres sont longs et minces. Les quatre premiers rayons de la nageoire sont épineux ; le premier est très-court, les autres croissent très-rapidement jusqu'au quatrième, qui est large et paraît être aussi long que les premiers rayons mous ; ceux-ci sont à peu près au nombre de 18 ; ils sont beaucoup moins longs que ceux de la dorsale. La nageoire *caudale* est profondément divisée en deux lobes aigus qui atteignent une longueur d'au moins 17 millimètres.

Nageoires paires. Les nageoires *pectorales* sont médiocres et portées par un arc pectoral épais, strié de petites lignes obliques. Les nageoires *ventrales* sont également portées par l'arc pectoral, et sont formées de rayons assez allongés.

Rapports et différences. Ce Platax se distingue de toutes les espèces connues par ses nageoires verticales proportionnellement moins élevées.

Localité. Hakel.

Explication des figures.

Pl. IV. Fig. 1 et 2. *Platax minor*, Pictet. — Musée de Genève.
    Fig. 3.   Restauration du squelette.

Genre VOMER, Cuvier.

Le genre Vomer, réuni aux *Argyreiosus*, Lacépède, par M. Günther, est caractérisé par une forme comprimée et élevée, à peu près semblable à celle des Platax, par deux dorsales dont la première, souvent rudimentaire, est formée de rayons épineux et par une anale précédée quelquefois de petits rayons épineux détachés.

7

VOMER PARVULUS, Agassiz.

Agassiz. Poissons fossiles, tome V, p. 4 et 31.

Cette espèce, indiquée par M. Agassiz comme provenant du Liban, n'a jamais été décrite, et nous ne connaissons aucun échantillon qui puisse lui être rapporté.

FAMILLE DES SPAROIDES

GENRE PAGELLUS, Cuvier.

PAGELLUS LEPTOSTEUS, Agassiz.

Agassiz. Poissons fossiles, tome IV, p. 10 et 154.

Cette espèce a été décrite mais non figurée par M. Agassiz d'après un échantillon du musée de Zurich, dont l'origine est douteuse. M. Agassiz dit avoir tout lieu de croire qu'il provient du Liban. Malgré la complaisance de MM. les administrateurs du musée de Zurich, nous n'avons pas réussi à retrouver ce poisson.

PAGELLUS LIBANICUS, Pictet.

Pictet, 1850. Description de quelques poissons fossiles du mont Liban, p. 11, pl. I, fig. 2 et 3. Cette espèce est indiquée par erreur dans la planche sous le nom de *Pagellus ovalis*.

Nous n'avons pas eu de nouveaux échantillons de cette espèce qui, d'après ce qui a été dit dans le premier mémoire, paraît se distinguer de la précédente par son squelette moins grêle et par la structure différente de sa dorsale.

LOCALITÉ. Sahel Alma.

FAMILLE DES SPHYRENOIDES

Genre SPHYRÆNA, Bloch.

Sphyræna Amici, Agassiz.

Agassiz. Poissons fossiles, tome V, p. 8 et 97, pl. X, fig. 3.

Cette espéce a été établie par M. Agassiz sur un fragment de mâchoire provenant du mont Liban. Elle est caractérisée par des dents larges et pyramidales. Nous ne possédons aucun échantillon qui puisse lui être attribué.

FAMILLE DES GOBIOIDES

Genre CHEIROTHRIX, Pictet et Humbert.

Le poisson sur lequel est établi ce genre nouveau nous a beaucoup embarrassés, parce que nous n'en possédons qu'un seul exemplaire (empreinte et contre-empreinte). Les caractères tirés de ses nageoires sont cependant si particuliers que nous n'avons pas hésité à le décrire et à lui donner un nom; mais comme nous le montrerons plus bas, nous avons en même temps de l'hésitation sur la signification de ses nageoires. En admettant l'interprétation que nous en donnons, ses caractères généraux peuvent se résumer comme suit :

« Corps étroit et allongé; squelette grêle; tête atténuée en avant; mâchoires minces, droites, armées de petites dents coniques; nageoire dorsale commençant immédiatement après la nuque, composée de longs rayons filiformes; nageoires pectorales également composées de rayons très-longs et très-minces, articulés; nageoires ventrales naissant dans le voisinage des pectorales et composées en partie de rayons longs et en partie de rayons courts. »

Nous ne connaissons ni dans la nature vivante ni dans les fossiles aucune forme identique à celle-ci. Par son corps étroit, par l'extrême allongement des rayons de la plupart de ses nageoires, et, en particulier, par la disposition de sa dorsale, ce poisson ne nous paraît avoir d'analogues que dans la famille des Gobioïdes, à laquelle nous le rapportons provisoirement.

Cheirothrix libanicus, Pictet et Humbert.

(Pl. V, fig. 1.)

Les parties conservées sont la tête, la colonne épinière jusqu'après la nageoire anale, une partie de cette dernière nageoire, la dorsale et les nageoires paires.

Formes générales. Ce poisson paraît avoir été étroit et allongé; son squelette est grêle; la longueur de la partie conservée est de 80 millimètres, et il est probable que ce qui manque dans la région de la queue était bien de 20 ou 25 millimètres. La hauteur du corps ne peut être mesurée que vers l'anale, et elle est à peu près de 10 millimètres. Dans cette région, le corps est vu de profil; mais dans les régions antérieures il a été fossilisé dans une position oblique.

Tête. La tête, telle que nous la voyons, a une longueur de 26 millimètres sur une largeur de 14. Elle est atténuée en avant. Les mâchoires sont grêles, droites et portent de petites dents minces, coniques, plus ou moins arquées et très-inégales; elles ne paraissent pas nombreuses. L'opercule paraît un peu acuminé en arrière et plus étendu en longueur que dans les autres dimensions. Les rayons branchiostèges sont longs et arqués; nous n'en pouvons pas compter plus de cinq.

Colonne épinière. Les vertèbres sont peu robustes, courtes, faiblement rétrécies dans leur milieu. Nous pouvons en apprécier approximativement le nombre total d'après le calcul suivant : Nous en comptons 12 sur une longueur de 14 millimètres dans la partie postérieure de la région conservée; or, la proportion de ces 14 millimètres avec la longueur problable entre la tête et la queue accuserait un chiffre total d'environ 60 vertèbres. Sur cette même partie postérieure on distingue clairement des neurapophyses et des hæmapophyses courtes et grêles obliquement dirigées en arrière. Nous n'avons pu voir aucun autre détail.

NAGEOIRES IMPAIRES. La nageoire *dorsale* naît immédiatement en arrière de la nuque; elle est composée de longs rayons dont certains atteignent jusqu'à au moins 45 millimètres. Ils paraissent simples et se terminent en une pointe très-fine. Nous en comptons au moins une quinzaine, mais il est difficile d'apprécier le point où se termine postérieurement cette nageoire. L'*anale* est courte, peu élevée, située fort en arrière; nous y comptons une douzaine de rayons très-rapprochés les uns des autres.

NAGEOIRES PAIRES. Ainsi que nous l'avons dit plus haut, les nageoires paires de ce poisson sont très-caractéristiques, mais elles nous ont laissé des doutes. Une des paires est composée de très-longs rayons rappelant presque ce que l'on observe chez les poissons volants; l'autre est beaucoup plus petite. Cette dernière est située en avant de la grande, et nous nous sommes demandé à laquelle des deux il fallait attribuer le nom de nageoire pectorale. Les os qui les fixent sur le squelette sont malheureusement trop mal conservés pour permettre de résoudre la question, et nous n'avons par conséquent pu nous appuyer que sur la comparaison de ces formes avec celles des poissons vivants. Il nous a paru peu probable qu'une nageoire aussi développée que l'est la plus grande des deux ait pu être une nageoire ventrale. Nous ne trouvons aucune analogie qui autorise une pareille détermination, et nous comprenons difficilement que dans cette position elle eût pu être d'une utilité réelle pour le poisson. Il nous paraît plus probable que c'est la petite nageoire qui est la ventrale, et qu'elle se présente ici dans les mêmes conditions que chez les poissons subbrachiens. La découverte de nouveaux échantillons pourra seule confirmer ou infirmer cette manière de voir.

Les nageoires *pectorales* sont composées d'environ 16 rayons articulés, dont les plus longs atteignent environ 50 millimètres, c'est-à-dire la moitié environ de la longueur totale. Ces rayons sont très-minces, un peu ramifiés à l'extrémité. Les nageoires *ventrales* sont composées d'une dizaine de rayons très-rapprochés, dont quelques-uns (les médians) sont prolongés en longs filets et atteignent plus de 30 millimètres; les premiers et les derniers sont beaucoup plus courts.

LOCALITÉ. Sahel Alma.

Explication des figures.

Pl. V. Fig. 1 a et 1 b. Cheirothrix libanicus, Pictet et Humbert. Empreinte et contre-empreinte. — Musée de Genève.

FAMILLE DES JOUES CUIRASSÉES

Genre PETALOPTERYX, Pictet.

Petalopteryx syriacus, Pictet.

Pictet, 1850. Description de quelques poissons fossiles du mont Liban, p. 22, pl. III, fig. 1.

Localité. Hakel. C'est par erreur que, à la suite de la description citée ci-dessus, cette espèce a été indiquée comme de Sahel Alma. Cette erreur a d'ailleurs été rectifiée à la page 58 du même mémoire, où ce poisson est inscrit dans la liste qui comprend ceux de Hakel.

FAMILLE DES AULOSTOMES

Genre SOLENOGNATHUS, Pictet et Humbert.

Corps très-allongé; os de la face formant un tube depuis l'œil jusqu'à la bouche, qui est petite, terminale et composée comme chez les Fistularia vivantes. Opercule terminé par des pointes aiguës. Nageoire dorsale courte, située un peu en arrière du milieu et à peu près opposée aux ventrales. Anale également courte et située sur le milieu de la distance qui sépare les nageoires précédentes de la queue. Caudale petite, arrondie. Écailles disposées en séries longitudinales.

Nous n'hésitons pas à rapporter l'espèce qui forme le type de ce genre à la famille des Aulostomes, quoiqu'elle s'éloigne par plusieurs caractères des genres vivants. Nous nous basons soit sur sa forme allongée, soit surtout sur la disposition des os de la face qui, comme chez les *Fistularia* et les *Aulostoma*, se prolongent en un tube au bout duquel se trouve la bouche peu fendue et ouverte horizontalement. Les pièces qui composent cette bouche sont tout à fait disposées comme chez les Fistularia vivantes; la mâchoire supérieure est formée par un petit intermaxillaire mince suivi d'un maxillaire plus robuste. Ces caractères de la tête, joints à l'allongement du corps, paraissent rapprocher ce poisson des deux genres précités plus que d'aucun autre type connu; il s'éloigne beaucoup plus des *Centriscus* et des *Amphisile*.

Les différences qui le distinguent des *Fistularia* et des *Aulostoma* sont les suivantes:

1° La dorsale est beaucoup moins reculée que dans ces deux genres; elle est située au-dessus de la ventrale et non au-dessus de l'anale.

2° La caudale ne paraît pas avoir été prolongée en filet.

3° La tête est moins longue par rapport au corps.

4° Les écailles, dont nous n'avons, il est vrai, que des traces insuffisantes, étaient probablement plus apparentes, et formaient des lignes longitudinales plus marquées et plus nombreuses.

Parmi les autres genres de cette famille décrits dans ces dernières années, nous n'en trouvons aucun qui lui ressemble davantage. En particulier, les *Aulorhynchus,* Gill[1] et les *Aulichthys,* Brevort[2] ont, comme les genres précités, la dorsale opposée à l'anale; leurs ventrales sont d'ailleurs beaucoup plus rapprochées des pectorales que dans le Solenognathus. Les *Siphonognathus,* Richardson[3] s'en éloignent encore davantage par l'absence de ventrales et par leur dorsale très-longue.

[1] Proceedings Acad. Philad., 1861, p. 169.
[2] Proceed. Acad. Philad., 1862, p. 234.
[3] Proceed. Zool. Soc. of London, 1857, p. 287.

SOLENOGNATHUS LINEOLATUS, Pictet et Humbert.

(Pl. IV, fig. 4-7.)

DIMENSIONS:

Longueur, environ .... 70 mm.
Hauteur 5
Longueur de la tête.. 12

FORMES GÉNÉRALES. Ce poisson est très-allongé, sa hauteur étant comprise quatorze fois dans sa longueur. Sa hauteur se conserve à peu près la même sur toute la longueur; il est toutefois un peu atténué en avant et en arrière.

TÊTE. La tête est comprise à peu près six fois dans la longueur totale ; elle est environ trois fois aussi longue que haute, et rappelle assez celle des Aulostomes vivants.

La bouche est petite et ouverte tout à fait à l'extrémité antérieure ; l'intermaxillaire est étroit et pointu ; le maxillaire qui lui est parallèle est un peu plus robuste et plus long que lui. La mâchoire inférieure est horizontale et un peu plus courte que la supérieure. Le vomer est long, effilé et bien saillant. Le bord postérieur de l'opercule présente à sa partie supérieure une forte pointe très-aiguë dirigée en arrière ; son angle inférieur est faiblement arrondi.

COLONNE ÉPINIÈRE ET CÔTES. Nous comptons environ 52 vertèbres, dont seulement 15 à 16 caudales. Ces vertèbres sont courtes et rétrécies dans leur milieu. Les apophyses épineuses et les hæmapophyses sont assez robustes et dirigées en arrière ; l'on voit (du moins sur une bonne partie d'entre elles) un épatement assez marqué à leur base. On remarque, en outre, des traces confuses d'apophyses rayonnantes, mais nous n'avons pu voir que quelques côtes dans la région antérieure.

NAGEOIRES IMPAIRES. La *dorsale* est courte (5 mill.) et située sensiblement en arrière du milieu de la longueur totale ; son premier rayon est un peu plus près de l'origine de la caudale que de l'occiput. Elle est portée par une dizaine d'osselets porte-nageoire, et paraît composée d'un nombre à peu près égal de rayons. La nageoire *anale* est encore plus courte que la dorsale, et est située au milieu de l'intervalle qui sépare celle-ci de la caudale. Elle est portée par environ 8 osselets porte-nageoire. La *caudale* est petite, arrondie et ne paraît pas avoir été échancrée.

NAGEOIRES PAIRES. Les *pectorales* paraissent peu fournies ; leurs plus grands rayons atteignent environ 6 millimètres. Les *ventrales* sont placées légèrement en avant de l'origine de la dorsale ; elles sont assez développées ; leurs plus grands rayons paraissent avoir atteint au moins 9 millimètres.

Écailles. Nous observons des bandes longitudinales saillantes au nombre de 12 à 15, se distinguant par une coloration brunâtre. Elles sont probablement la trace de séries d'écailles, mais ces écailles elles-mêmes sont tombées; quelques débris informes et peu nombreux qui en restent semblent montrer qu'elles étaient épaisses.

Localité. Sahel Alma.

Explication des figures.

Pl. V. *Fig. 4-6. Solenognathus lineolatus,* Pictet et Humbert. — Musée de Genève.
Fig. 7. *Id.* Restauration du squelette.

FAMILLE DES HALÉCOIDES

Nous avons adopté la famille des Halécoïdes telle que l'a établie M. Agassiz. Elle comprend des poissons presque tous réguliers, fusiformes, rarement trapus, qui sont liés entre eux par un ensemble important de caractères. Ce sont des Malacoptérygiens abdominaux, chez lesquels le maxillaire supérieur fait réellement partie du bord supérieur de la mâchoire, et sert à la préhension des aliments, disposition qui, comme on le sait, est relativement assez rare. Leur cavité abdominale est le plus souvent grande et protégée par des côtes longues et nombreuses.

Il est vrai que plusieurs auteurs subdivisent cette grande famille, et nous reconnaissons que si, dans l'étude des poissons fossiles, l'on pouvait toujours observer la totalité des caractères, il serait probablement convenable d'adopter la plupart de ces subdivisions, et même d'en créer de nouvelles; mais désireux de ne pas dépasser l'enseignement direct des faits suffisamment observés, nous avons préféré suivre l'exemple de l'illustre auteur des « Recherches sur les poissons fossiles, » nous réservant, lorsque nous traiterons des divers groupes, de discuter leurs affinités générales et les motifs qu'il peut y avoir pour en former des familles spéciales.

8

Les terrains crétacés, et en particulier la faune du Liban, manquent de plusieurs des types actuels, entre autres, des genres importants des Saumons et des Corrégones.

Les groupes que l'on peut distinguer parmi les poissons que nous avons à décrire sont les suivants :

1° Les *Clupes*, comprenant le genre *Scombroclupea* de Heckel, les *Clupea* proprement dites et quelques espèces voisines dépourvues de la dentelure du ventre.

2° Les *Leptosomus*, petit genre détaché des Clupes.

3° Le genre *Osmeroides*, dont la place ne pourra être définitivement fixée que lorsqu'on saura s'il a ou n'a pas de nageoire adipeuse.

4° Les *Opistopteryx*, genre établi sur le *Mesogaster gracilis*, Pictet.

5° Le genre *Rhinellus*, qui nous paraît ne pas pouvoir être éloigné du précédent.

6° Le genre *Spaniodon*, qui semble jusqu'à présent spécial aux calcaires tendres de Sahel Alma.

7° Le genre *Chirocentrites*, qui, avec quelques genres vivants et fossiles, constitue pour M. Heckel la famille des Chirocentrides.

Il nous paraît probable que, lorsque ces groupes seront suffisamment connus, la plupart d'entre eux devront constituer des familles ou des tribus distinctes. En revanche, nous pensons que, de toutes les classifications, celle qui doit être le plus complétement abandonnée est celle qui consiste à ne subdiviser les Halécoïdes qu'en deux familles : celle des Salmones et celle des Clupes. Les caractères sur lesquels cette séparation est basée, à savoir la présence ou l'absence d'une nageoire adipeuse et de la dentelure du ventre ne soutiennent plus un examen approfondi.

L'histoire paléontologique de la famille des Halécoïdes présente un intérêt spécial, non-seulement par le grand nombre et la variété des types crétacés qui la composent, mais surtout par ses relations avec les faunes antérieures.

On sait que jusqu'à ces dernières années, et à la suite des travaux de M. Agassiz, les Poissons Téléostéens étaient considérés comme n'ayant pas existé avant la période crétacée, et que tous les types plus anciens de poissons osseux étaient attribués à la sous-classe des Ganoïdes. Parmi ces soi-disant Ganoïdes se trouvaient quelques genres jurassiques à écailles minces et arrrondies au sujet desquels se sont élevés des doutes sérieux. Pour deux de ces genres, les *Leptolepis* et les *Tharsis*, la question n'est pas encore tout à fait résolue, parce que l'on n'est pas complétement d'accord sur l'existence d'une mince couche d'émail recouvrant les écailles, caractère que M. Agassiz jugeait suffisant pour justifier leur association avec les Ganoïdes. Celui des *Thrissops*, en revanche, appartient certainement au même groupe que les *Chirocentrites*, comme l'a démontré M. Heckel, et il faut par conséquent admettre aujourd'hui que les Téléostéens ont eu des représentants dans la période jurassique.

Ces Téléostéens jurassiques, soit qu'on les restreigne aux Thrissops, soit qu'on y joigne les genres sus-indiqués, ont toutes leurs analogies avec les Halécoïdes. Ces analogies se manifestent par une composition tout à fait semblable de la mâchoire supérieure, par un mode de terminaison identique de la colonne épinière à la base de la queue, par une même disposition des nageoires, et enfin par la forme générale et le facies. La famille des Halécoïdes est la seule parmi les Téléostéens qui représente bien ces formes antérieures; elle semble en être en quelque sorte la suite et le développement.

Il est vrai que dans l'état de nos connaissances sur les limites qui séparent les Ganoïdes des Téléostéens, on pourrait bien objecter que les *Leptolepis*, les *Tharsis* et même les *Thrissops* présentaient peut-être, comme les *Amia*, des caractères internes que leurs formes extérieures ne laissent pas soupçonner; mais, en admettant la possibilité de ce fait, il n'en resterait pas moins prouvé que l'analogie tirée de tous les caractères connus est incontestable et présente certainement un rapprochement intéressant.

Genre CLUPEA, Linné.

Clupea Gaudryi, Pictet et Humbert.

(Pl. V, fig. 2-5.)

Formes générales et dimensions. Ce poisson est allongé ; sa hauteur est comprise cinq fois dans la longueur de son corps sans la queue. Cette longueur est en moyenne, dans nos échantillons, de 60 millimètres, les extrêmes variant entre 55 et 68 millimètres. La tête est comprise environ trois fois dans cette même longueur du corps ; elle a 21 millimètres.

Tête. La tête a une forme allongée. L'œil est médiocre, situé un peu en avant du milieu. La bouche est peu fendue ; l'os intermaxillaire est étroit et ne forme qu'une partie des bords de l'ouverture buccale ; le maxillaire supérieur est beaucoup plus grand que lui ; le maxillaire inférieur est triangulaire et dépasse très-légèrement les os de la mâchoire supérieure. Nous n'avons pas vu de traces de dents. Les pièces operculaires forment un ensemble arrondi avec une légère sinuosité rentrante devant l'insertion de la pectorale.

Colonne épinière et côtes. La colonne épinière est composée de 42 vertèbres, dont environ 16 caudales ; elles sont proportionnellement plus courtes et plus hautes dans la région antérieure, et s'allongent dans la région caudale. Les neurapophyses sont fines et obliques dans la région antérieure ; elles sont plus courtes et plus fortes après la nageoire dorsale, et redeviennent plus obliques en s'approchant de la queue ; les dernières sont élargies à leur extrémité. Les hæmapophyses de la région caudale sont symétriques aux neurapophyses. On voit, en outre, de nombreuses apophyses rayonnantes dans toute la région abdominale. Les côtes sont nombreuses et fines, et portent des appendices rayonnants très-marqués ; elles atteignent le bord inférieur de la cavité ventrale, le long duquel on distingue des côtes sternales dont quelques-unes sont bien évidentes, mais dont nous n'avons pas pu apprécier le nombre total.

Nageoires impaires. La nageoire *dorsale* a son origine à peu près sur le milieu du corps (sans la queue) ; elle n'a que 8 millimètres de longueur. Nous avons compté 14 osselets porte-nageoire, sans pouvoir certifier qu'il n'y en ait pas davantage. La nageoire *anale* est mal conservée et paraît avoir été très-petite ; elle est très-reculée et placée sensiblement plus près de la caudale que de la ventrale. La *caudale* est, comme nous l'avons dit, longue de 13 à 14 millimètres et partagée en deux lobes aigus ; la colonne épinière se termine à sa base comme dans les Clupes vivantes.

Nageoires paires. Les *pectorales* sont médiocres. L'origine des *ventrales* correspond à peu près à l'extrémité postérieure de la dorsale. Ces nageoires sont composées chacune d'environ 12 ou 13 rayons serrés et peu allongés.

Les Écailles manquent sur nos échantillons.

Rapports et différences. Cette petite Clupe se distingue facilement de toutes celles du Liban par son corps long et mince. On peut dire qu'elle a plus de rapports avec la *Scombroclupea macrophthalma*, que nous décrirons plus loin, qu'avec aucune des véritables Clupes. Elle pourrait même se confondre avec les jeunes individus de cette dernière espèce, si ce n'était l'organisation toute différente de sa nageoire anale et sa position bien plus reculée. On peut ajouter que les nageoires ventrales sont situées également plus en arrière.

Parmi les espèces que nous n'avons pas observées en nature, elle paraît avoir de grands rapports avec la *Clupea Beurardi*, Blainv. Les différences principales, autant que nous pouvons l'apprécier d'après la description et la figure de M. Agassiz, résident dans le nombre des vertèbres caudales, qui est de 16 dans notre espèce et d'au moins 20 dans la *Cl. Beurardi*, et dans la nageoire anale, qui est fort longue dans la *Cl. Beurardi* et très-courte dans la nôtre. Ces deux circonstances réunies donnent une apparence très-différente à la région caudale.

Localité. Hakel (2 échantillons rapportés par M. Humbert, et 4 par M. Gaudry).

Explication des figures.

Pl. V. Fig. 2. *Clupea Gaudryi*, Pictet et Humbert. — Musée de Genève.
    Fig. 3.   *Id.*   — M. Gaudry.
    Fig. 4.   *Id.*   — Musée de Genève.
    Fig. 5.   *Id.*   Restauration du squelette.

Clupea brevissima, Blainville.

(Pl. VI.)

Blainville, 1818. Ichthyol., p. 60. Extrait du Nouveau Dict. d'hist. nat., tome XXVII.
    Id.   1823. Id. trad. allem., p. 149.
Kruger,   1823. Geschichte der Urwelt, tome II, p. 657.
Agassiz, 1833-43. Poissons fossiles, tome V, p. 117, pl. 61, fig. 6-9.
Giebel,   1848. Fauna der Vorwelt, tome I, 3ᵐᵉ partie, p. 126.
Pictet,   1850. Description de quelques poissons fossiles du mont Liban, p. 41, pl. 8, fig. 1 et 2.

Longueur totale, environ.. 120 mm.

Hauteur.......... 31

Formes générales. Ce poisson, tout en rappelant les formes de l'Alose, est remarquable par sa brièveté, qui résulte surtout de celle de sa région abdominale. Sa hauteur est comprise un peu moins de trois fois dans la longueur de son corps ; elle égale à peu près la longueur de sa tête. Le corps est ovale, et sa plus grande hauteur est un peu en avant du milieu.

Tête. La tête est courte, toutefois un peu plus longue que haute ; l'œil est situé vers le milieu de sa longueur. La bouche est médiocrement ouverte. Le maxillaire supérieur est long et arqué en avant ; l'intermaxillaire est très-étroit. La mâchoire inférieure est triangulaire. Aucun des os de la mâchoire ne semble porter de dents. Le préopercule se termine postérieurement par un angle arrondi ; son bord antérieur forme un angle ouvert en avant duquel partent de nombreuses lignes saillantes, irrégulières, qui le font paraître rugueux. L'opercule est étroit, beaucoup plus haut que large, régulièrement arrondi en arrière. Le sous-opercule et l'interopercule sont petits et continuent sa courbure. Nous n'avons pas pu compter les rayons branchiostèges.

Colonne épinière et côtes. Nous comptons 30 vertèbres visibles auxquelles il faut en ajouter probablement trois cachées par les pièces operculaires, ce qui porterait le nombre total à 33. Là-dessus, il y en a seulement 16 abdominales et au moins 17 caudales. La colonne épinière est faiblement arquée en bas ; les corps de vertèbres sont un peu plus hauts que longs dans la partie antérieure, et tendent à s'allonger dans la région caudale. Les neurapophyses sont minces et dirigées obliquement en arrière. Cette obliquité est moins marquée en dessous de la nageoire dorsale. Les hæmapophyses de la région caudale reproduisent à peu près la forme et la direction des neurapophyses correspondantes.

Les côtes sont fines et longues, et ne paraissent pas dépasser le nombre de douze paires ; elles atteignent les bords inférieurs de la cavité abdominale.

On voit, en outre, dans la partie antérieure de la colonne épinière deux séries d'apophyses minces qui paraissent s'étendre assez en arrière ; mais des arêtes musculaires qui se confondent avec elles empêchent d'en compter exactement le nombre.

La dentelure du ventre est produite par des pièces osseuses triangulaires qui sont au nombre de six paires en arrière de la nageoire ventrale, et dont nous avons compté au moins neuf paires en avant de cette nageoire sans pouvoir affirmer qu'il n'y en a pas davantage. Leur angle postérieur est saillant, et elles se prolongent sur les parois de l'abdomen en des osselets styloïdes plus ou moins allongés.

Nageoires impaires. La nageoire *dorsale* est située un peu en avant du milieu de la longueur totale ; elle est longue et forme au moins un cinquième de cette longueur totale. Elle est portée par 17 ou 18 osselets porte-nageoire. Nous n'avons pas pu compter exactement le nombre de ses rayons, mais il doit probablement dépasser un peu ce chiffre ; M. Agassiz en indique 20. Entre cette nageoire et la partie postérieure de la tête, on compte six osselets libres qui ne portent pas de rayons externes. La nageoire *anale* est longue et peu élevée ; elle est portée par environ 27 osselets porte-nageoire ; en les comptant sur un grand nombre d'échantillons, nous avons trouvé comme minimum 26 et comme maximum 29. Le nombre des rayons doit atteindre à peu près ce dernier chiffre. Les premiers de ces rayons sont situés au-dessous des derniers de la dorsale. La nageoire *caudale* est grande et fortement échancrée en deux lobes aigus.

Les NAGEOIRES PAIRES sont imparfaitement conservées, et nous n'avons pas pu compter le nombre de leurs rayons. L'origine de la ventrale est située au niveau du quart antérieur de la dorsale.

ÉCAILLES. Les écailles sont petites ; sur aucun de nos échantillons elles ne sont suffisamment conservées pour permettre une description.

RAPPORTS ET DIFFÉRENCES. Cette espèce se distingue de toutes les Clupes connues par la brièveté de sa région abdominale, par le petit nombre de ses côtes et par la longueur de son anale.

HISTOIRE. M. de Blainville a décrit le premier cette espèce, mais sans la figurer. M. Agassiz en a donné une description plus complète et en a figuré quatre échantillons. Nous ne doutons pas que nos exemplaires ne se rapportent bien à cette espèce, qui offre des caractères trop clairs pour être méconnue. Nous devons toutefois faire remarquer que nous sommes en désaccord avec M. Agassiz sur deux points. Cet auteur indique 15 vertèbres caudales, tandis que nous en trouvons, comme nous l'avons dit plus haut, 17 ou 18. Il décrit la nageoire anale comme s'étendant jusqu'à l'origine de la caudale, tandis que nous avons toujours constaté un intervalle bien marqué entre ces deux nageoires. Le grand nombre d'échantillons que nous avons pu observer et leur parfaite conservation ne nous laissent aucun doute sur les chiffres et les rapports que nous avons indiqués.

Cette espèce avait été décrite et figurée dans le premier mémoire sur les Poissons fossiles du Liban, publié par l'un de nous.

LOCALITÉ. Hakel, où elle très-abondante.

Explication des figures.

Pl. VI. *Fig. 1, 2 et 3. Clupea brevissima*, Blainville. — Musée de Genève.
    Fig. 4.   *Id.*   Restauration du squelette.

Clupea Bottæ, Pictet et Humbert.

(Pl. VII, fig. 1-5.)

DIMENSIONS :

Longueur de notre plus grand échantillon.................................... 90 mm.
Hauteur du même échantillon... 27

FORMES GÉNÉRALES. Ce poisson est un peu plus allongé que la *Clupea brevissima*, dont il rappelle du reste la forme. Sa hauteur est comprise un peu plus de trois fois dans sa longueur sans la queue ; la longueur de la tête est comprise un peu plus de trois fois dans cette même dimension. Le corps est ovale ; sa plus grande hauteur est située un peu en avant du milieu.

TÊTE. La tête est sensiblement plus longue que haute ; l'œil est situé plus près du bout du museau que de son bord postérieur. La bouche est assez ouverte ; son bord supérieur est formé par un intermaxillaire court et par un maxillaire dont le bord est beaucoup plus droit que dans la plupart des autres espèces ; cet os est large et ovale. La mâchoire inférieure est triangulaire. Nous n'avons pas pu constater d'une manière certaine l'existence de dents. L'opercule est médiocrement développé, plus haut que large, arrondi en arrière. Les rayons branchiostègues sont minces et longs.

COLONNE ÉPINIÈRE ET CÔTES. Nous comptons 30 vertèbres, dont 15 à 16 caudales ; elles sont assez robustes. ainsi que les neurapophyses ; celles-ci sont courtes dans la moitié antérieure et assez longues dans la région caudale. Les côtes sont fines et entourent toute la cavité abdominale. Nous n'avons pas vu de traces de côtes sternales.

NAGEOIRES IMPAIRES. La nageoire *dorsale* est située sensiblement en avant du milieu de la longueur totale ; elle est courte, supportée par 13 osselets porte-nageoire, et paraît composée d'environ 12 rayons, dont le troisième et le quatrième égalent presque la hauteur du corps en cet endroit. La nageoire *anale* est courte et située assez en arrière ; la distance de son premier rayon à l'origine de la queue égale à peu près la hauteur du corps au-dessus de ce même rayon. Cette nageoire, mal conservée sur la plupart de nos échantillons, paraît supportée par 6 à 8 osselets. La nageoire *caudale* est échancrée en deux lobes aigus.

NAGEOIRES PAIRES. Les nageoires *pectorales* sont petites et composées de rayons fins. Les *ventrales* ont leur origine sous le milieu de la dorsale, et sont situées à peu près au milieu de la longueur du corps (sans la queue).

Les ÉCAILLES ne sont pas visibles.

RAPPORTS ET DIFFÉRENCES. Parmi toutes les Clupes du mont Liban, celle à laquelle cette espèce ressemble le plus est la *Clupea brevissima;* elle s'en rapproche en particulier par son corps court et par le petit nombre de ses vertébres abdominales. Elle en diffère par sa nageoire anale, qui est beaucoup plus courte et composée d'un nombre de rayons moindre, et par sa dorsale beaucoup moins haute. Elle paraît en outre manquer des côtes sternales qui sont si évidentes dans la *Cl. brevissima.*

Elle semble aussi avoir des rapports avec la *Cl. minima,* décrite par M. Agassiz d'une manière très-incomplète, et dont nous parlons ci-dessous. Nous avons même hésité à la considérer comme le type de cette espèce douteuse; mais en comparant nos échantillons avec la figure que M. Agassiz a donnée de cette *C. minima,* nous avons été arrêtés par des différences importantes. Les échantillons que nous décrivons ici sous le nom de *C. Bottæ* ont le corps bien plus élevé par rapport à sa longueur, et leur nageoire dorsale, ainsi que leurs ventrales, sont notablement plus avancées.

LOCALITÉ. Hakel.

Explication des figures.

Pl. VII. Fig. 1-4. Clupea Bottæ, Pict. et Humb. — Musée de Genève.
     Fig. 5.   Id.   Restauration du squelette.

CLUPEA MINIMA, Agassiz.

Agassiz, Poissons fossiles, tome V, partie II, p. 120, pl. 61, fig. 1.

Dans le premier mémoire sur les Poissons du Liban, le nom de *Clupea minima* a été attribué à une petite espèce de Sahel Alma sur laquelle nous avons conçu depuis lors de grands doutes, comme nous le dirons en traitant des Leptosomus.

Il est probable que le type figuré par M. Agassiz provenait de Hakel; nous avons, en effet, trouvé parmi nos poissons de cette localité plusieurs petits échantillons mal caractérisés qui paraissent correspondre assez bien à la description très-incomplète donnée par cet auteur. Ils ne sont d'ailleurs pas suffisants pour autoriser une nouvelle description, et nous ne serions pas étonnés qu'ils fussent les jeunes de quelqu'une des espèces que nous décrivons ici. La *Clupea minima* reste donc douteuse pour nous.

9

CLUPEA SARDINOIDES, Pictet.

(Pl. VIII.)

Pictet, 1850, Description de quelques poissons fossiles du mont Liban, p. 38, pl. 7, fig. 2.

FORMES GÉNÉRALES ET DIMENSIONS. La *Clupea sardinoides* est en forme d'ovale allongé. La longueur de l'échantillon le plus complet est de 120 millimètres; sa hauteur est de 30 millimètres. Cette hauteur est comprise environ trois fois et demie dans la longueur du corps (sans la queue). La longueur de la tête est un peu plus grande que la hauteur du corps, étant comprise trois fois et un tiers dans cette même longueur.

TÊTE. Nous n'avons aucun échantillon sur lequel la tête soit suffisamment conservée pour permettre une description détaillée. Le maxillaire supérieur est un peu arqué en avant. L'opercule est régulièrement arrondi en arrière. Nous n'avons pu apercevoir aucune trace de dents.

COLONNE ÉPINIÈRE ET CÔTES. Nous comptons au moins 47 vertèbres visibles, et nous ne sommes pas certains qu'il n'y en ait pas en outre 2 ou 3 cachées par les pièces operculaires. Les caudales sont au nombre de 15. Cette colonne épinière est faiblement arquée en bas. Les corps sont courts dans toute la longueur.

Les neurapophyses de la région antérieure sont minces et dirigées obliquement en arrière. Celles qui sont comprises entre la dorsale et l'anale sont plus robustes, presque droites à leur base et courbées en arrière à leur extrémité. Les plus voisines de la queue redeviennent très-obliques.

Les hæmapophyses de la région caudale reproduisent à peu près la direction et la forme des neurapophyses correspondantes.

Les côtes sont fines et longues; les antérieures atteignent les bords de la cavité abdominale; les postérieures sont mal conservées. Nous n'avons aucun échantillon qui permette de décrire les fines apophyses qui rayonnent de la colonne épinière dans les régions antérieure et médiane. Il n'y a aucune trace de la dentelure du ventre, et nous ne pouvons par conséquent rien dire de son existence.

NAGEOIRES IMPAIRES. La nageoire *dorsale* est située notablement en avant du milieu de la longueur totale; en effet, si l'on prend avec un compas la distance entre le bout du museau et la base du premier rayon de la dorsale, et que l'on reporte cette mesure en arrière à partir du même rayon, le compas rencontrera l'origine de la caudale. M. Agassiz a trouvé les mêmes rapports dans la *Clupea dentex*. Cette nageoire dorsale est plutôt courte; elle est portée par environ 16 osselets porte-nageoire, et paraît composée de 17 rayons. Entre elle et la partie postérieure de la tête, on compte au moins 12 osselets libres qui ne portent pas de rayons externes. Ils sont grêles, un peu sinueux et très-obliques de bas en haut et d'avant en arrière. La nageoire *anale* est très-courte et située fort en arrière, de sorte que la distance qui existe entre son premier rayon et la base de la caudale est à peine égale à la moitié de celle qui sépare ce rayon de l'origine de la ventrale. Elle paraît n'être supportée que par 7 ou 8 osselets porte-nageoire; ses rayons semblent également être peu nombreux. La nageoire *caudale* est grande et fortement échancrée en deux lobes aigus.

Nageoires paires. Les *pectorales* sont médiocres. Les *ventrales* ont leur insertion au-dessous des derniers rayons de la dorsale.

Écailles. Aucun de nos échantillons ne présente une écaillure complète; mais, en combinant les observations faites sur trois d'entre eux, nous avons pu constater qu'elle est composée de 55 à 60 bandes transversales obliques. Sur celles de ces bandes qui sont situées vers le milieu du corps, on peut compter une vingtaine d'écailles. Celles-ci ont leur bord libre arrondi et leur surface couverte de petites stries longitudinales.

Rapports et différences. Cette espèce se distingue très-facilement des *Scombroclupea macrophthalma* et *Clupea brevissima* par ses vertèbres nombreuses. Elle se rapproche principalement des *Cl. dentex,* Bl. et *Cl. Beurardi,* Bl. Sa forme générale et la position de sa dorsale sont les mêmes que dans la *Cl. dentex;* mais elle diffère de cette espèce par ses vertèbres plus nombreuses (47 à 50, au lieu de 40), par le nombre plus grand des rayons de sa dorsale (17, au lieu de 12) et par ses ventrales insérées plus en arrière. Elle se distingue, d'autre part, de la *Cl. Beurardi* par sa tête plus courte, par ses vertèbres plus nombreuses, par la position de sa dorsale située plus en avant et par la brièveté de son anale. Elle semble, par le nombre de ses vertèbres, avoir de l'analogie avec la *Cl. lata,* mais elle s'en distingue facilement par sa forme plus régulièrement ovale, par sa tête beaucoup moins grosse, et surtout par la position de la dorsale qui, chez la *Cl. lata,* a son premier rayon situé bien en arrière de la moitié de la longueur du corps.

Histoire. Dans le premier mémoire de l'un de nous sur les Poissons fossiles du mont Liban, cette espèce a été décrite et figurée d'après un échantillon dont les bords étaient moins complets que chez ceux que nous possédons aujourd'hui, ce qui pouvait par conséquent la faire paraître un peu moins haute qu'elle n'est en réalité. Nous en donnons de nouvelles figures plus exactes.

Localité. Hakel.

Explication des figures.

Pl. VIII. Fig. 1 et 2. Clupea sardinoides, Pictet. — Musée de Genève.
  Fig. 3.   Id.   — Musée de Munich.
  Fig. 4.   Id.   Restauration du squelette.

Clupea lata, Agassiz.

(Pl. VII, fig. 6.)

Agassiz, Poissons fossiles, tome V, 2ᵐᵉ partie, p. 118, pl. 61, fig. 10.
Non Clupea lata, Pictet, Poissons du Liban, p. 37, pl. VII, fig. 1.

La *Clupea lata* a été décrite pour la première fois par M. Agassiz, qui lui donna pour caractère principal d'avoir sa plus grande hauteur à niveau de la ceinture thoracique, et par conséquent d'être très-différente pour la forme de toutes les autres espèces de Clupes.

Dans le premier mémoire sur les poissons du Liban, il a été donné une fausse interprétation de cette espèce, et l'on a figuré sous le nom de *Cl. lata* un poisson dont la plus grande largeur se trouve également vers la ceinture thoracique, mais que ses autres caractères, ainsi que nous l'avons reconnu depuis lors et que nous le démontrerons plus loin, doivent faire placer dans le genre *Spaniodon*. Nous le décrirons sous le nom de *Spaniodon brevis.*

Aujourd'hui, nous sommes portés à croire que l'échantillon qui a servi à la description de M. Agassiz a été altéré par la fossilisation et accidentellement élargi dans sa région thoracique. Nous avons été amenés à cette conclusion par l'étude d'un exemplaire qui nous a été communiqué par M. Gaudry, et chez lequel l'on trouve tous les caractères signalés par M. Agassiz, en particulier le même nombre de vertèbres, la même dorsale reculée, etc., sauf qu'elle a tout à fait les formes normales d'une Clupe. On pourra se convaincre de ces analogies en comparant notre figure avec celle de M. Agassiz.

DIMENSIONS :

Longueur totale... 150 mm.
Hauteur du corps 37

FORMES GÉNÉRALES. Ce poisson a une forme ovale allongée ; sa plus grande hauteur est un peu en avant de la dorsale et est comprise à peu près trois fois et demie dans la longueur du corps (sans la queue).

TÊTE. La région de la bouche manque dans notre échantillon. L'œil est assez grand. Les pièces operculaires sont uniformément arrondies en arrière ; l'opercule est un peu plus haut que long. Les rayons branchiostègues sont nombreux ; les premiers sont minces, les derniers sont très-larges.

COLONNE ÉPINIÈRE ET CÔTES. Nous comptons 52 vertèbres visibles, auxquelles il faut en ajouter probablement trois cachées par les pièces operculaires, ce qui porterait le nombre total à 55. Là-dessus, il y en a 24 caudales. Cette colonne épinière est arquée en bas dans le milieu de sa longueur. Les corps sont sensiblement plus hauts que longs, surtout dans la partie antérieure. Les neurapophyses sont dirigées en arrière d'une manière presque uniforme ; il en est de même des hæmapophyses de la région caudale.

Les *côtes* sont mal conservées ; elles paraissent fines et nombreuses ; il en est de même des apophyses rayonnantes obliques de la colonne épinière. On voit le long du bord ventral quelques impressions confuses qui semblent avoir été produites par des côtes sternales.

NAGEOIRES IMPAIRES. La nageoire *dorsale* a son origine à peu près au milieu de la longueur totale ; elle est courte et ne forme guère qu'un septième de cette longueur totale. Elle semble composée de 18 rayons portés par un nombre sensiblement égal d'osselets porte-nageoire. La forme de cette nageoire est subtriangulaire. La nageoire *anale* a son premier rayon situé à peu près au milieu de la distance qui sépare l'origine de la ventrale de celle de la caudale. Elle est courte et assez robuste, portée par 7 osselets, et paraît composée de 8 rayons assez longs. La nageoire *caudale* est échancrée en deux lobes médiocrement aigus.

NAGEOIRES PAIRES. Ces nageoires sont imparfaitement conservées. L'origine des *ventrales* est située un peu en avant du milieu de la dorsale.

ÉCAILLES. Les écailles n'ont été conservées que sur un petit nombre de points. Elles sont petites et ont formé des lignes nombreuses.

RAPPORTS ET DIFFÉRENCES. Cette espèce est voisine de la *Cl. sardinoides* par le grand nombre de ses vertèbres. Elle en diffère principalement par ses vertèbres caudales au nombre de 21 au lieu de 15, et par la position de ses nageoires verticales, la dorsale étant située plus en arrière et l'anale par contre sensiblement moins reculée. Elle a également quelques rapports avec les *Cl. dentex*, Blainv. et *Cl. Beurardi*, Blainv., mais ses vertèbres sont plus nombreuses que celles de ces deux espèces ; elle en diffère, en outre, par sa dorsale située plus en arrière. La brièveté de son anale fournit encore un très-bon caractère pour la distinguer de la *Cl. Beurardi*.

LOCALITÉ. Très-probablement Hakel.

Explication des figures.

Pl. VII. Fig. 6. Clupea lata, Ag. — Échantillon communiqué par M. Gaudry.

CLUPEA LATICAUDA, Pictet.

Pictet, 1850, Poissons fossiles du mont Liban, p. 39, pl. VII, fig. 3.

Cette espèce, sur laquelle nous n'avons pas de nouveaux documents, appartient au même groupe que les *Clupea sardinoides* et *Cl. lata*, qui sont caractérisées par des vertèbres courtes et nombreuses atteignant ou dépassant le chiffre de 50. Elle diffère de toutes deux par sa nageoire anale, qui est supportée par 14 osselets au lieu de l'être par 7 ou 8 seulement, et par les rayons de la base de sa caudale qui, étant beaucoup plus nombreux et plus serrés, lui donnent une apparence toute spéciale.

Localité. Hakel.

Clupea Beurardi, Blainville.

Blainville, Ichthyologie, p. 61.
Agassiz, Poissons fossiles, tome V, p. 117, pl. 61, fig. 2.

Petite espèce voisine de la *Clupea dentex*, Blainv., et caractérisée par une quarantaine de vertèbres, dont au moins 20 caudales. Ces chiffres empêchent de la confondre avec aucune des autres espèces décrites dans ce mémoire.

L'exemplaire original de M. de Blainville avait été rapporté du Liban par un neveu de M. Beurard, et provenait des environs de Gibel (Djébaïl); il est donc probable qu'il avait été trouvé à Hakel. L'échantillon figuré par M. Agassiz provenait de Saint-Jean d'Acre.

Clupea gigantea, Heckel.

Heckel, 1843, Fische Syriens, p. 243.

On ne possède sur cette espèce que les renseignements suivants insérés par Heckel dans son article sur la *Clupea macrophthalma*.

« Une autre plaque, provenant de la même localité (Hakel), contient une portion de la région antérieure du tronc d'un gros poisson haut d'au moins 6 pouces, sur laquelle on ne peut reconnaître rien autre que 18 vertèbres abdominales à demi brisées, qui sont plus hautes que longues, des côtes longues, grêles, sillonnées d'apophyses dorsales assez fortes recouvertes d'une forêt d'arêtes musculaires. Nous lui donnons provisoirement le nom de *Clupea gigantea*. »

Genre SCOMBROCLUPEA, Kner [1].

M. Kner a établi ce genre pour des poissons qui joignent aux caractères généraux des Clupes une organisation de la nageoire anale que l'on ne retrouve chez aucun des représentants vivants de ce groupe. A la suite d'une nageoire anale normale, on remarque une série de fausses nageoires rappelant, avec un développement moindre, la disposition de cette même région chez les Scombres.

On peut caractériser ce genre de la manière suivante :

Poissons comprimés, à squelette composé comme celui des Clupes; vertèbres nombreuses; des côtes sternales en avant et en arrière des nageoires ventrales. Tête semblable à celle des Clupes; mâchoire dépourvue de dents. Nageoire dorsale courte et située sur le milieu du dos. Nageoire anale petite, suivie de petites fausses nageoires (pinnules) portées chacune par un seul osselet. Nageoire caudale fourchue. Nageoires ventrales situées sous la dorsale.

Scombroclupea macrophthalma (Heckel), Pictet et Humbert.

(Pl. IX.)

Clupea macrophthalma, Heckel, 1843, Fische Syriens, p. 242 (344), pl. XXIII, fig. 2.

DIMENSIONS :

Longueur totale, environ .... 170 mm.
Hauteur 35

FORMES GÉNÉRALES. Ce poisson rappelle par ses contours réguliers les formes normales des espèces vivantes du genre Clupea, et en particulier des harengs et des sardines. Sa

[1] Sitzungsberichte der K. K. Akad. d. Wissenchaften, 1863, p. 132.

hauteur est comprise un peu plus de quatre fois dans sa longueur (sans la queue), et sa tête à peu près trois fois et demie dans cette même longueur. Le corps est ovale ; sa plus grande hauteur est un peu en avant du milieu.

Tête. La partie supérieure de la tête forme une ligne régulière très-faiblement arquée qui continue la courbure générale du poisson. L'œil est grand et un peu en avant du milieu de la tête. La bouche est médiocrement ouverte. L'os maxillaire est fortement arqué en avant et élargi depuis son milieu jusqu'à son extrémité inférieure. L'intermaxillaire est court et étroit. La mâchoire inférieure est triangulaire. Nous n'avons vu de traces de dents sur aucun des os de la mâchoire. Le préopercule occupe une place assez considérable par rapport aux autres pièces operculaires ; il se termine postérieurement par un angle arrondi ; son bord antérieur est brusquement coudé vers le milieu, et de là partent en arrière quelques petites arêtes irrégulières et sinueuses, visibles surtout à la face interne. L'opercule est étroit, plus haut que large, arrondi en arrière. Le sous-opercule et l'interopercule continuent sa courbure. Les rayons branchiostègues paraissent avoir été assez nombreux (au moins 10).

Colonne épinière et côtes. Nous comptons 36 vertèbres visibles, et, en supposant que les pièces operculaires en cachent 3, cela porterait le nombre total à 39. Là-dessus, il y en a 23 abdominales et 16 caudales. Dans beaucoup d'échantillons, la colonne épinière est rompue, de sorte qu'on ne peut pas juger de sa courbure ; dans ceux où elle est le moins modifiée, elle paraît avoir été à peu près droite. Les corps sont à peu près aussi hauts que longs dans la partie antérieure, et ils tendent à s'allonger dans la partie caudale. Les neurapophyses de la région dorsale sont minces et dirigées obliquement en arrière. Celles de la portion antérieure de la région caudale sont un peu plus droites et plus fortes à leur base ; les dernières reprennent la position oblique. Les hæmapophyses de la région caudale reproduisent à peu près la forme et la direction des neurapophyses correspondantes. Les côtes sont fines et longues ; les premières atteignent les bords inférieurs de la cavité abdominale. On voit, en outre, dans la partie antérieure de la colonne épinière deux séries d'apophyses minces, dirigées en arrière ; les unes partent de la base des neurapophyses, les autres de la base des côtes. Ces dernières paraissent s'étendre plus loin en arrière que les premières. Le squelette est compliqué par de nombreuses arêtes musculaires fourchues qui, se confondant avec les apophyses précédentes, les rendent difficiles à compter.

La dentelure du ventre est produite par environ 25 pièces osseuses triangulaires dont l'angle postérieur est saillant, et qui se prolongent sur les parois de l'abdomen en des osselets styloïdes plus ou moins allongés.

Nageoires impaires. La nageoire *dorsale* est située à peu près au milieu de la longueur totale. Elle est peu élevée et courte ; sa longueur ne forme guère qu'un dixième de cette longueur totale. Elle est portée par 15 osselets porte-nageoire. Nous n'avons pas pu compter le nombre des rayons qui la composent. La région *anale* est occupée toute entière par une nageoire normale petite, mais suivie, comme nous l'avons dit dans la caractéristique du genre, de fausses nageoires détachées. La première est portée par 6 à 8 osselets porte-nageoire rapprochés les uns des autres ; les rayons sont courts et incomplétement conservés, et paraissent être à peu près en même nombre. Puis viennent six rayons porte-nageoire beaucoup plus écartés et partageant en parties égales l'intervalle compris entre l'anale proprement dite et la base de la caudale. Chacun de ces osselets porte un rayon qui se divise en petites branches comme l'extrémité d'un rayon mou ordinaire. Ces petits faisceaux sont assez distants les uns des autres, mais nous ne sommes pas sûrs qu'ils n'aient pas été réunis par une membrane commune. La nageoire *caudale* est fortement échancrée en deux lobes aigus.

Nageoires paires. Les nageoires paires sont imparfaitement conservées, de sorte que nous n'avons pas pu compter leurs rayons, ni estimer d'une manière précise leur longueur. Les *pectorales* occupent leur place normale. L'origine des *ventrales* est située sous le milieu de la dorsale.

Écailles. Les écailles ne sont pas assez bien conservées pour que nous ayons pu apprécier exactement leurs contours et les caractères de leur surface. Elles paraissent avoir été délicates et uniformément arrondies sur leur bord libre. Un calcul approximatif, fondé sur l'examen de quelques régions, montre qu'elles ont dû former environ 45 bandes verticales obliques, dont les plus longues avaient une douzaine d'écailles.

Rapports et différences. Cette espèce est extrêmement voisine de la *Scombroclupea pinnulata*, de Comen, à propos de laquelle le genre a été établi par M. Kner. Le nombre des vertèbres et celui des rayons des nageoires présentent de trop légères différences pour que nous ayons pu y trouver des caractères spécifiques. Toutefois, en comparant nos échantillons avec les planches de M. Kner qui, il est vrai, paraissent avoir été faites sur des échantillons imparfaits, il nous semble que son espèce est plus trapue et proportionnellement plus courte que la nôtre. Nous devons d'ailleurs faire remarquer que le nom spécifique de *macrophthalma* est le plus ancien et que, par conséquent, il devrait être conservé dans le cas où l'identité entre l'espèce de M. Kner et celle que nous décrivons ici serait prouvée.

Histoire. L'espèce que nous venons de décrire ne paraît pas avoir été connue de M. Agassiz ; nous croyons, en revanche, que c'est bien celle qui a été décrite par Heckel [1] sous le nom de *Clupea macrophthalma*. L'échantillon figuré par cet auteur est très-imparfait, et il est par conséquent difficile de se prononcer d'une manière rigoureuse ; mais tous les caractères importants indiqués par la description semblent concorder. La figure pourrait, il est vrai, faire croire à l'existence d'un gros rayon épineux au commencement de la dorsale, mais il est évident qu'il y a là une erreur du dessinateur,

---

[1] *Heckel, J.-J.*, Abbildungen und Beschreibungen der Fische Syriens. Stuttgart, 1843, p. 242, pl. 23, fig. 2.

puisque l'auteur n'en fait pas mention dans le texte et place cette espèce dans le genre *Clupea*. Nous pouvons ajouter que parmi ceux de nos échantillons qui sont mal conservés, il y en a plusieurs qui rappellent assez bien l'apparence de la figure précitée.

Localité. Hakel.

Explication des figures.

Pl. IX. Fig. 1-3. *Scombroclupea macrophthalma* (Heckel), Pictet et Humbert. — Musée de Genève.
   Fig. 4.   Id.   Restauration du squelette.

Genre LEPTOSOMUS, von der Marck.

Le genre Leptosomus a été établi par le docteur von der Marck dans son Mémoire sur les Poissons de la craie de Westphalie[1]; mais nous avons vainement cherché dans ce mémoire une caractéristique complète et précise de ce genre détaché des Clupes, non plus que les caractères qui le distinguent des *Sardinius* et des *Sardinioides*.

Toutefois, ayant à décrire deux petits poissons du mont Liban très-voisins des Clupes, mais caractérisés par leurs nageoires ventrales plus rapprochées des pectorales que dans les Clupes proprement dites, et cette même disposition étant très-marquée dans le *Leptosomus Guestphalicus*, v. d. M., qui d'ailleurs ne diffère de nos poissons par aucun caractère générique appréciable, nous avons cru devoir accepter provisoirement ce genre.

C'est une de ces espèces (*Leptosomus crassicostatus*) qui, dans le premier mémoire sur les poissons du Liban, a été figuré sous le nom de *Clupea minima*. Ainsi que nous l'avons dit plus haut, la *Cl. minima*, Ag., espèce très-imparfaitement décrite, a le même nombre de vertèbres (29); mais, suivant toute probabilité, elle se trouve à Hakel et non à Sahel Alma.

[1] Palæontographica, 1863, tome XI, p. 49.

LEPTOSOMUS MACROURUS, Pictet et Humbert.

(Pl. X, fig. 1-4.)

DIMENSIONS :

Longueur du corps sans la queue	42 à 54 mm.
Longueur de la queue	13 à 14
Longueur de la tête	10 à 12

FORMES GÉNÉRALES. Ce poisson est très-allongé, sa hauteur étant comprise cinq fois et demie dans la longueur du corps sans la queue. La tête est comprise un peu moins de quatre fois dans cette même longueur.

TÊTE. La tête est peu allongée. L'œil est assez grand ; son bord postérieur correspond au milieu de la longueur de la tête. La bouche est passablement fendue ; l'os intermaxillaire est étroit et occupe à peu près la moitié du bord ; l'os maxillaire est plus robuste et bien plus long ; la mâchoire inférieure est triangulaire. Quelques échantillons nous ont montré que la bouche était armée de dents assez fortes et coniques, mais aucune n'est conservée en place. Les pièces operculaires sont mal conservées ; elles paraissent avoir eu un bord postérieur arrondi.

COLONNE ÉPINIÈRE ET CÔTES. La colonne épinière est composée de 29 vertèbres, dont 13 à 14 caudales. Ces vertèbres sont très-étranglées dans leur milieu. Les neurapophyses et les hæmapophyses sont fines, ainsi que les apophyses rayonnantes, qui paraissent être assez nombreuses. Les côtes, en revanche, sont robustes, surtout les antérieures.

NAGEOIRES IMPAIRES. La nageoire *dorsale* est située au milieu de la longueur du corps sans la queue, la distance de son premier rayon au bout du museau égalant celle de son dernier rayon à l'origine de la queue. Cette dorsale est courte ; nous y avons compté 11 osselets porte-nageoire auxquels correspondent des rayons en nombre à peu près égal. La nageoire *anale* est peu reculée et courte ; nous n'y avons compté que 7 osselets porte-nageoire. La nageoire *caudale* est très-grande et profondément divisée en deux lobes aigus.

NAGEOIRES PAIRES. Les *pectorales* sont médiocrement développées. Les *ventrales* ont leur origine un peu en avant de celle de la dorsale, et elles sont ainsi peu éloignées des pectorales.

ÉCAILLES. Nous ne pouvons rien dire des écailles ; elles ne sont pas conservées sur nos échantillons.

LOCALITÉ. Sahel Alma. 8 échantillons.

Explication des figures.

Pl. X. *Fig. 1 et 2.*   *Leptosomus macrourus*, Pict. et Humb. — Musée de Genève.
    Fig. 3 et 3 bis.   *Id.*   Empreinte et contre-empreinte. — Musée de Genève.
    Fig. 4.   *Id.*   Restauration du squelette.

LEPTOSOMUS CRASSICOSTATUS, Pictet et Humbert.

(Pl. X, fig. 5-7.)

DIMENSIONS :

Longueur du corps sans la queue .... 38 mm.
Longueur de la queue 11
Longueur de la tête.. 10 $^1/_2$

FORMES GÉNÉRALES. Ce poisson est assez allongé ; sa hauteur est comprise un peu moins de six fois dans la longueur du corps (sans la queue).

TÊTE. Elle est très-mal conservée, surtout dans ses parties antérieures, en sorte que nous n'avons pu constater ni la forme des mâchoires ni l'existence des dents. Les pièces operculaires forment un ensemble étroit et arrondi. Les rayons branchiostègues sont longs et arqués.

COLONNE ÉPINIÈRE ET CÔTES. La colonne épinière est composée de 29 vertèbres, dont 13 à 14 caudales. Les neurapophyses sont visibles dès l'occiput, et les plus antérieures font saillie au-dessus des pièces occipitales. Elles sont fines et obliques jusqu'après la nageoire dorsale ; depuis là, elles sont plus fortes et se redressent, puis enfin redeviennent obliques vers la queue. Les hæmapophyses leur sont symétriques. Les côtes sont robustes, et l'on distingue de fines apophyses rayonnantes.

NAGEOIRES IMPAIRES. La nageoire *dorsale* est située sensiblement en avant du milieu, son premier rayon étant presque au tiers antérieur de la longueur du corps sans la queue. Cette dorsale n'est longue que de 5 à 6 millimètres ; nous y comptons avec doute 11 osselets porte-nageoire ; les rayons sont forts et à peu près en même nombre. La nageoire *anale* est sensiblement plus reculée que dans l'espèce précédente ; elle a son origine sur le milieu de la distance qui sépare les ventrales de la caudale ; elle est courte, mal conservée, et paraît avoir été composée d'un petit nombre de rayons. La *caudale* est médiocre et partagée en deux lobes aigus.

NAGEOIRES PAIRES. Les *pectorales* sont médiocres, ainsi que les *ventrales*, qui ont leur origine sous le milieu de la dorsale.

Les ÉCAILLES manquent sur nos échantillons.

Rapports et différences. Cette petite espèce est très-voisine de la précédente, et s'en rapproche, en particulier, par la forme de sa tête, le nombre de ses vertèbres, ses grosses côtes, etc. Elle nous paraît en différer par sa dorsale plus avancée, par la position de ses ventrales, par son anale plus reculée et par le moindre développement de sa caudale.

Localité. Sahel Alma.

Explication des figures.

Pl. X. *Fig. 5 et 6.*   *Leptosomus crassicostatus,* Pict. et Humb. — Musée de Genève.
   Fig. 7 et 7 bis.   *Id.*   Empreinte et contre-empreinte. — Musée de Genève.

Genre OSMEROIDES, Agassiz.

Le genre *Osmeroides* a été établi par M. Agassiz[1] pour des poissons de la craie, voisins des Éperlans (*Osmerus*), mais plus trapus, ayant le pédicule de la queue moins rétréci, la dorsale située sur le tiers antérieur du dos au lieu d'être au milieu, des ventrales et des pectorales bien développées et un squelette rappelant celui des Clupes, sauf qu'il n'a pas de côtes sternales. M. Agassiz ajoute qu'ils appartiennent évidemment à la famille des Salmones, et qu'il y a même des exemplaires qui ont conservé des traces de l'adipeuse.

M. von der Marck, qui a étudié une partie des espèces qui ont servi de types à M. Agassiz, n'est pas d'accord avec lui sur ce dernier point; il nie l'existence de la nageoire adipeuse, au moins chez les espèces de la craie de Westphalie. Il fait remarquer que des nageoires de cette nature sont très-bien conservées chez quelques poissons de ce même gisement appartenant à d'autres genres, tandis qu'il les a vainement cherchées sur plus de quatre-vingts exemplaires des Osmerus et des Osmeroides qu'il a eu entre les mains. Cet auteur rejette en conséquence le genre Osmeroides,

[1] Poissons fossiles, tome V, partie I, p. 14, et partie II, p. 108.

et ne pense pas qu'aucun poisson de la craie puisse être attribué aux Osmerus. Il remplace ces genres par ceux qu'il nomme *Sardinius* et *Sardinioides,* les plaçant dans la section de la famille des Clupes qui est caractérisée par l'absence de côtes sternales.

Dans la méthode de M. von der Marck, la seule espèce dont nous ayons à parler ici, à savoir l'*Osmeroides megapterus,* Pictet, appartiendrait plutôt au genre *Sardinioides,* qui est caractérisé par une dorsale un peu plus avancée que les *Sardinius,* par de grandes ventrales et par ce singulier caractère, dont nous ne pouvons pas apprécier la valeur, que la pectorale n'a que très-rarement laissé des traces, preuve, suivant lui, que cette nageoire était ou très-petite ou très-délicate.

Nous ne nous sentons cependant pas assez éclairés sur la valeur du nouveau genre de M. von der Marck pour changer le nom sous lequel ce poisson avait d'abord été décrit, et nous lui conservons celui qu'il portait dans la méthode de M. Agassiz. Nous doutons même que, d'après les lois de la priorité, le nom d'Osmeroides dût être changé, puisqu'il repose sur les deux espèces qui ont servi de type au genre Sardinioides.

OSMEROIDES MEGAPTERUS, Pictet.

Pictet, 1850, Poissons du Liban, p. 27, pl. III, fig. 3.

Localité. Sahel Alma.

GENRE OPISTOPTERYX, Pictet et Humbert.

L'espèce que nous décrivons sous ce nouveau nom générique a été publiée dans le premier mémoire sur les poissons du Liban sous le nom de *Mesogaster gracilis,* à cause de sa grande ressemblance avec le *Meso-*

gaster sphyrœnoides, Agassiz. Ce genre Mesogaster a été caractérisé par l'illustre auteur des Recherches sur les poissons fossiles comme ayant des ventrales situées au tiers antérieur de l'espace compris entre les pectorales et l'anale, et une dorsale très-reculée. Il le plaça dans la famille des Sphyrénoïdes, en lui *supposant* une première dorsale épineuse dont il n'avait pas réussi d'ailleurs à voir de traces. Les ressemblances qui existent entre le *Mesogaster sphyrœnoides* et notre espèce purent faire supposer que cette dernière avait aussi une première dorsale qui n'avait pas laissé de traces. De nouveaux échantillons très-bien conservés dans leur région dorsale nous font croire maintenant que cette première nageoire dorsale n'a jamais existé chez le *Mesogaster gracilis*. Il doit donc être sorti de la famille des Sphyrénoïdes et transporté dans celle des Halécoïdes. D'un autre côté, nous avons des exemplaires du *Mesogaster sphyrœnoides* du Monte Bolca, dans lesquels nous voyons, le long du dos, une longue série d'osselets porte-nageoire, dont les antérieurs et les postérieurs soutiennent deux nageoires. Dans le milieu, les rayons manquent et l'on ne peut savoir si, entre la dorsale antérieure et la postérieure, il se trouvait des rayons qui les unissaient l'une avec l'autre, ou si elles étaient réellement discontinues. Quoi qu'il en soit, il y a là une disposition bien différente de ce que l'on voit dans le *Mesogaster gracilis*, et nous nous croyons suffisamment autorisés à créer pour notre espèce un genre nouveau que nous caractérisons comme suit:

« Poissons allongés, à bouche largement fendue; un intermaxillaire étroit, atteignant à peu près la moitié de la longueur du maxillaire, qui est beaucoup plus robuste que lui; nageoire dorsale courte, située en arrière du milieu du corps et presque opposée à l'anale; ventrales situées vers le milieu de la distance qui sépare les pectorales de l'anale. »

En supposant même que les Mesogaster d'Agassiz n'aient point de nageoire épineuse, notre espèce en différerait encore par ses ventrales moins avancées et par sa dorsale un peu moins reculée..

Opistopteryx gracilis, Pictet et Humbert.

(Pl. XI, fig. 1-4.)

Mesogaster gracilis, Pictet, 1850, Poissons fossiles du Liban, p. 21, pl. III, fig. 2.

DIMENSIONS :

Longueur approximative (sans la queue) .... 100 mm.
Longueur de la tête.. 31
Hauteur du corps vers son milieu...................................... 12

FORMES GÉNÉRALES. Ce poisson est mince et allongé; sa hauteur est comprise environ huit fois dans sa longueur sans la queue.

TÊTE. La tête est grande; elle est comprise un peu plus de trois fois dans la longueur du corps; sa plus grande hauteur, qui est vers son milieu, est comprise à peu près deux fois dans sa longueur. Elle paraît avoir été un peu déprimée. La bouche est largement fendue; l'intermaxillaire est étroit; le maxillaire supérieur est beaucoup plus robuste que l'intermaxillaire, placé en arrière de lui et deux fois aussi long. Le maxillaire inférieur est robuste, et dépasse sensiblement les os de la mâchoire supérieure. Nous n'avons pas aperçu de dents. L'œil est situé très-en avant; son centre correspond à peu près au tiers antérieur de la tête. Les pièces operculaires sont peu développées; l'opercule est étroit et arrondi; sa surface porte quelques lignes rayonnantes.

COLONNE ÉPINIÈRE ET CÔTES. La colonne épinière est composée de vertèbres très-courtes, au nombre d'au moins 55, dont environ 28 caudales. Les côtes sont fines et nombreuses; les neurapophyses et les hæmapophyses sont minces et très-inclinées; on distingue, en outre, de nombreuses apophyses rayonnantes.

NAGEOIRES IMPAIRES. La nageoire *dorsale*, qui est composée de rayons mous, a son origine sensiblement en arrière du milieu du corps; elle n'est longue que d'environ 10 millimètres et presque deux fois aussi haute. Elle est portée par 14 osselets porte-nageoire. La nageoire *anale* a son origine un peu en arrière du milieu de la dorsale; elle est un peu plus longue que celle-ci, soutenue par 9 osselets porte-nageoire et composée d'une dizaine de rayons écartés, dont les plus grands ont environ 15 millimètres de longueur; les trois premiers rayons sont petits et non divisés. La *caudale* manque dans tous nos échantillons.

NAGEOIRES PAIRES. Les nageoires *pectorales* sont portées par un arc fortement courbé; elles sont assez amples et composées de rayons dont les plus grands ont environ 15 millimètres de longueur. Les *ventrales* ont leur origine sur le milieu de la distance qui sépare les pectorales de l'anale, et sont portées par deux os en forme de triangle allongé ; elles sont plus petites que les pectorales, leurs plus grands rayons n'ayant que 9 millimètres de longueur.

Les ÉCAILLES n'ont pas été conservées sur nos échantillons.

LOCALITÉ. Sahel Alma.

Explication des figures.

Pl. XI. *Fig. 1-3. Opistopteryx gracilis*, Pict. et Humb. — Musée de Genève.
　　Fig. 4.　　　　Id.　　　　　　Restauration du squelette.

Genre RHINELLUS, Agassiz.

M. Agassiz a établi le genre Rhinellus pour un petit poisson du mont Liban, caractérisé par un bec allongé. Il rapportait avec doute à la même espèce la partie postérieure d'un autre poisson, et il en concluait à l'existence de deux dorsales et de lignes d'écussons semblables à celles des Dercetis. L'un de nous a déjà fait remarquer, dans un premier mémoire sur les poissons du Liban, que l'association de ces deux fragments est erronée; des échantillons complets rapportés récemment nous ont prouvé jusqu'à l'évidence que le Rhinellus n'a qu'une seule dorsale et que la portion postérieure du corps que lui associait M. Agassiz appartient au *Dercetis tenuis*, Pictet.

Nous pouvons caractériser le genre Rhinellus comme suit :

« Tête allongée, prolongée en un bec rappelant celui des *Belone*. Squelette grêle, composé de vertèbres nombreuses. Nageoire dorsale courte, un peu en arrière du milieu du corps et légèrement en arrière des ventrales; pectorales assez grandes; anale courte et rapprochée de la queue; celle-ci divisée en deux lobes. Écailles très-imparfaitement connues. »

Dans le mémoire précité sur les poissons du Liban, l'on a fait remarquer qu'il n'y a aucun motif pour rapprocher ce genre des Dercetis et qu'il a, au contraire, tous les caractères des Malacoptérygiens abdominaux. Ses principales analogies parurent alors être avec les Esocides, et en particulier avec les Belone; mais, depuis lors, nous avons eu des échantillons plus complets qui montrent que la dorsale est moins en arrière que nous ne l'avions supposé, et qui présentent, d'un autre côté, une analogie incontestable avec les Opistopteryx. Nous préférons donc les considérer comme un des nombreux membres de la famille des Halécoïdes.

En plaçant ce genre dans la famille des Halécoïdes, nous nous trouvons en désaccord avec M. Günther qui, au sujet de la description[1] d'un poisson (*Plinthophorus robustus*) de la craie inférieure de Folkestone, associe le Rhinellus avec les Dercétides à dorsale courte. Cette divergence provient, suivant nous, de ce que M. Günther, tout en admettant en partie la rectification faite par l'un de nous[2], n'en a pas compris toute la portée et semble croire qu'elle n'a trait qu'à l'existence d'une seule dorsale. Cette rectification avait pour but essentiel de montrer que les deux fragments figurés par M. Agassiz n'appartiennent pas au même type, que par conséquent le fragment de la figure 6 de la planche 58 *b*, qui montre *seul* des séries d'écussons, ne peut en aucune manière prouver l'existence de ce caractère chez le Rhinellus, et qu'au contraire, ainsi que nous l'avons dit plus haut, tous nos échantillons de ce dernier genre, dont plusieurs sont bien conservés, en sont complétement dépourvus; il ne reste, en conséquence, aucun motif pour rapprocher les Dercetis des Rhinellus.

RHINELLUS FURCATUS[3], Agassiz.

(Pl. XI, fig. 5 à 8.)

Agassiz, Poissons fossiles, tome II, partie 2, p. 260, pl. 58 *b*, fig. 5, *non* fig. 6.
Heckel, Fische Syriens, p. 238. La pl. 23, fig. 1, qui représente le *Pycnosterinx Russeggerii*, contient, sur la même plaque, une tête du *Rhin. furcatus.*
Pictet, Description de quelques poissons fossiles du mont Liban, p. 44, pl. 8, fig. 3 et 4.

FORMES GÉNÉRALES ET DIMENSIONS. Nos échantillons les mieux conservés ont une lon-

---

[1] The geological Magazine. Sept. 1864, p. 114, pl. 6.
[2] *Pictet*, 1850, Poissons du Liban, p. 43.
[3] Nous supposons que le nom spécifique de *furcatus* a été tiré, par M. Agassiz, de la forme de la caudale du fragment de Dercetis (fig. 6) rapporté avec doute au Rhinellus (fig. 5). Comme ce nom n'est pas en désaccord avec les caractères du Rhinellus, nous croyons devoir le conserver.

gueur de 100 à 110 millimètres; mais nous avons quelques fragments qui indiquent une taille au moins double. Dans ceux de 110 millimètres, la hauteur du corps n'est que de 6 millimètres. La longueur de la tête avec le bec atteint près de 50 millimètres, c'est-à-dire près de la moitié de la longueur totale. Ce poisson conserve la même hauteur dans la plus grande partie de sa longueur ; c'est aussi celle de la tête à sa base.

Tête. La tête est en forme de triangle très-allongé ; son profil antérieur est droit, ainsi que le bord supérieur de la bouche. Ces deux lignes convergent en avant, de manière à former un bec très-effilé. La mâchoire inférieure est également très-étroite. Nous croyons, sans pouvoir l'affirmer, que les deux mâchoires sont d'égale longueur. Ces mâchoires portent sur toute leur longueur de petites dents coniques nombreuses et serrées. La bouche est fendue jusqu'en arrière de l'œil. Celui-ci est grand. Les pièces operculaires sont étroites et allongées en arrière.

Colonne épinière et côtes. La colonne épinière est composée de vertèbres minces et assez longues ; nous n'avons pas pu compter leur nombre exact, qui ne doit pas s'éloigner beaucoup de 45. Elles portent des côtes fines et des apophyses nombreuses, longues et minces, dirigées en arrière.

Nageoires impaires. La nageoire *dorsale* est située sensiblement en arrière du milieu de la longueur totale. Elle est courte et paraît composée d'une quinzaine de rayons mous. La nageoire *anale* est située sur le milieu de l'intervalle qui sépare la dorsale de la queue ; elle est soutenue par au moins 10 rayons. La *caudale* est petite et divisée en deux lobes.

Nageoires paires. Les *pectorales* sont longues (15 millimètres) et composées de rayons minces et nombreux. Les *ventrales* sont situées légèrement en avant du commencement de la dorsale ; nous trouvons toutefois, sous ce point de vue, entre nos échantillons, quelques différences qui ne tiennent probablement qu'à des accidents de fossilisation. Dans celui qui a été décrit dans le premier mémoire, l'origine des ventrales correspond presque exactement à celle de la dorsale. Dans la plupart de ceux qui ont été rapportés depuis lors, elle est de 4 millimètres en avant. Ces ventrales sont portées par un bassin assez grand ; les nageoires elles-mêmes ne sont pas considérables.

Écailles. Les écailles manquent presque complétement sur nos échantillons ; on en distingue cependant sur quelques-uns des fragments disposés en séries. Leur surface montre des traces de bosselures, insuffisantes pour donner une idée de leur ornementation.

Localité. Sahel Alma.

Explication des figures.

Pl. XI. *Fig. 5 et 6. Rhinellus furcatus*, Agassiz. — Musée de Genève.
    Fig. 7.   Id.   Restauration du squelette.
    Fig. 8.   Id.   Mandibules supérieure et inférieure grossies.

Genre SPANIODON, Pictet.

Nous rappelons que le genre Spaniodon a été établi dans le premier mémoire de l'un de nous[1] sur les poissons fossiles du Liban pour des poissons de la famille des Halécoïdes. Leur squelette est grêle; leurs côtes sont fines et nombreuses; leur mâchoire supérieure est formée par des intermaxillaires courts et forts portant un petit nombre de dents longues et en forme de crochets, et par des maxillaires allongés et peu ou point dentés; leur mâchoire inférieure est armée comme les intermaxillaires; leurs rayons branchiostègues sont nombreux, et leurs nageoires sont disposées à peu près comme dans les Salmones et les Clupes.

Deux espèces avaient été décrites dans le mémoire précité. Pour l'une d'elles (*Span. Blondelii*), nous n'avons rien à changer à la description originale; pour l'autre (*Span. elongatus*), de nouveaux échantillons nous permettent d'ajouter quelques détails, principalement en ce qui concerne la partie postérieure du corps. Nous décrivons en outre dans ce genre une espèce qui avait été figurée dans le premier mémoire sous le nom de *Clupea lata*.

Spaniodon Blondelii, Pictet.

Pictet, 1850, Poissons du Liban, p. 34, pl. 5, fig. 2, 3 et 4.

Localité. Sahel Alma.

[1] *Pictet*, Description de quelques poissons fossiles du mont Liban, p. 33.

Spaniodon elongatus, Pictet.

(Pl. XII, fig. 1 et 2.)

Pictet, 1850, Poissons du Liban, p. 35, pl. 6, fig. 1 et 2.

Formes générales et dimensions. Nos échantillons varient depuis une longueur de 170 millimètres jusqu'à environ 250 millimètres. Ils sont très-allongés, car la hauteur de leur corps est comprise environ dix fois dans la longueur totale. La longueur de la tête est comprise trois fois et demie dans cette même dimension.

Tête. La tête est longue, amincie en avant, sa plus grande hauteur étant dans sa partie postérieure. Le profil de la partie supérieure forme une ligne droite qui continue celle du dos. L'œil est situé à peu près vers le milieu de la longueur de la tête. La bouche est peu fendue; elle est formée par un intermaxillaire court et épais, armé de deux ou trois dents longues et un peu arquées, et par un maxillaire allongé, sans dents. La mâchoire inférieure est courte et robuste, et porte trois dents en crochet, plus fortes et plus grandes que celles de l'intermaxillaire.

Colonne épinière et côtes. Le nombre des vertèbres est d'environ 58 (et non de 55, comme on l'avait indiqué par erreur dans le premier mémoire). La région caudale est courte et composée d'environ 20 vertèbres. Toutes les apophyses sont grêles et nombreuses; les côtes sont très-fines et atteignent le bord inférieur de la cavité abdominale.

Nageoires impaires. La nageoire *dorsale* est courte et composée d'une quinzaine de rayons mous soutenus par un nombre égal d'osselets porte-nageoire. La nageoire *anale* (qui manquait dans nos anciens échantillons) est un peu plus longue que la dorsale et située près de la queue. Elle est supportée par 15 osselets porte-nageoire, et composée d'un nombre un peu plus considérable de rayons. La nageoire *caudale* est médiocre et profondément partagée en deux lobes aigus.

Nageoires paires. Les nageoires *pectorales* sont assez grandes et composées d'au moins 16 rayons mous assez égaux entre eux. Les nageoires *ventrales* sont petites et situées un peu en arrière de l'extrémité postérieure de la dorsale.

Nous n'avons trouvé aucune trace des Écailles.

Localité. Sahel Alma.

Explication des figures.

Pl. XII. Fig. 1. Spaniodon elongatus, Pictet. — Musée de Genève.
   Fig. 2.   Id.   Restauration du squelette.

SPANIODON BREVIS, Pictet et Humbert.

(Pl. XII, fig. 3 et 4.)

Clupea lata, Pictet, 1850, Poissons du Liban, p. 37, pl. 7, fig. 1. — Non: *Clupea lata*, Agassiz.

FORMES GÉNÉRALES ET DIMENSIONS. Cette espèce, comparée aux deux précédentes, frappe par sa brièveté beaucoup plus grande, sa hauteur étant comprise trois fois et demie dans sa longueur totale, au lieu de six fois comme dans le *Sp. Blondelii* et de dix fois comme dans le *Sp. elongatus*. Le profil de son dos et de sa tête forme une ligne très-peu arquée. Sa plus grande hauteur correspond à l'arc pectoral.

TÊTE. La longueur de la tête égale à peu près la hauteur du corps. Cette tête a une forme triangulaire ; sa hauteur décroît uniformément d'arrière en avant. L'œil est situé un peu en arrière du milieu. Les mâchoires paraissent composées comme dans l'espèce précédente ; on voit quelques fortes dents coniques et pointues, mais elles ne sont plus en place et sont portées par des os brisés qui ne permettent pas une description rigoureuse.

COLONNE ÉPINIÈRE ET CÔTES. Nous n'avons pas pu compter le nombre exact des vertèbres ; il est d'environ 45 ; ces vertèbres sont proportionnellement beaucoup plus courtes que dans les deux autres espèces. Les diverses apophyses sont également fines et nombreuses ; il en est de même des côtes, qui, comme chez les autres espèces du genre, s'étendent jusqu'au bord inférieur de la cavité abdominale.

NAGEOIRES IMPAIRES. La nageoire *dorsale* est courte et située un peu en arrière du milieu de la longueur totale ; elle est portée par 17 ou 18 osselets porte-nageoire. L'*anale* est située fort en arrière d'elle, et est plus rapprochée de la caudale que des ventrales ; elle est moins haute que la dorsale, et nous y comptons une quinzaine d'osselets porte-nageoire. Nous n'avons aucun échantillon sur lequel la *caudale* soit assez bien conservée pour que nous puissions apprécier quelle était la forme de son extrémité.

NAGEOIRES PAIRES. Les nageoires *pectorales* sont grandes et composées d'au moins 16 rayons mous ; ces rayons diminuent d'une manière uniforme ; le bord postérieur, formé par leurs extrémités, est droit. Nous pouvons faire remarquer que, dans tous nos échantillons, ces nageoires se présentent étalées et dirigées verticalement en bas. Les nageoires *ventrales* sont médiocres ; leur insertion est un peu en arrière du milieu de la dorsale ; nous voyons toutefois quelques légères différences, à cet égard, entre nos différents échantillons.

ÉCAILLES. Elles sont très-imparfaitement conservées ; on peut constater cependant qu'elles étaient grandes et que leur surface était bosselée par quelques lignes flexueuses.

Rapports et différences. Dans le premier mémoire de l'un de nous sur les poissons du mont Liban, cette espèce a été rapportée à tort à la *Clupea lata,* Agassiz, qui est caractérisée comme elle par un corps dont la plus grande hauteur est vers l'arc pectoral. L'existence de grosses dents coniques s'oppose à ce rapprochement, et, après un nouvel examen, nous croyons qu'elle réunit bien plutôt les caractères du genre *Spaniodon,* en particulier dans la forme triangulaire de la tête, dont la ligne du profil supérieur est presque droite, dans la forme de la grande nageoire pectorale, et surtout dans la composition des mâchoires. Un squelette grêle, des apophyses minces et nombreuses, des côtes fines entourant toute la cavité abdominale, une dorsale courte et à peu près médiane, avec des ventrales situées un peu en arrière d'elle, etc., sont des caractères qui conviennent aussi bien aux Spaniodon qu'aux Clupes. Cette espèce se distingue des deux autres du genre par son corps considérablement plus trapu.

Localité. Sahel Alma.

Explication des figures.

Pl. XII. Fig. 3 et 4. *Spaniodon brevis,* Pictet et Humbert. — Musée de Genève.

Genre CHIROCENTRITES, Heckel.

Le genre Chirocentrites a été établi par Heckel, en 1849 [1], pour des poissons Téléostéens de la famille des Halécoïdes qui rappellent à la fois, et jusqu'à un certain degré, les Chirocentres vivants et les Thrissops, au moins le *Thrissops formosus* d'Agassiz. Ce dernier rapprochement contribuera probablement à fortifier l'idée que ces Thrissops ne sont pas des Ganoïdes, mais bien de véritables Téléostéens.

Le poisson que nous rapportons à ce genre est trop imparfaitement conservé pour que nous puissions y constater tous les caractères des Chirocentrites; mais ceux que nous avons pu observer s'accordent en tous points avec les descriptions de Heckel, et sont, ce nous semble, suffisants

[1] *Heckel,* Beiträge zur Kenntniss der fossilen Fische Œsterreichs, p. 3.

pour laisser singulièrement peu de doute sur ce rapprochement générique. Les caractères qui justifient ce rapprochement sont surtout tirés de la forme des nageoires pectorales composées de rayons très-larges et tout à fait semblables à ceux des Chirocentrites, des dentelures probables des pièces operculaires, de la disposition des vertèbres et de leurs apophyses, et des grandes écailles à bord arrondi.

Le seul genre qui pourrait nous laisser quelque hésitation est celui des *Spathodactylus*, établi par l'un de nous[1] pour un poisson de l'étage néocomien; mais notre échantillon du mont Liban, quoique bien conservé dans la région dorsale, ne présente aucune trace du grand rayon isolé des Spathodactylus. Cette circonstance nous paraît résoudre la question en faveur du genre Chirocentrites.

CHIROCENTRITES LIBANICUS, Pictet et Humbert.

(Pl. XIII.)

FORMES GÉNÉRALES ET DIMENSIONS. Le corps de ce poisson présente une hauteur de 7 centimètres, qui paraît se continuer d'une manière assez constante, et ce que nous en connaissons indique un corps allongé, assez semblable à celui du *Chirocentrites Coroninii*, Heckel. La longueur entre l'occiput et la 24me vertèbre est de 16 centimètres. Si le reste du corps a été dans les mêmes proportions que chez l'espèce précitée, la longueur totale pourrait être estimée à environ 60 centimètres.

TÊTE. La tête est très-mal conservée. Elle paraît avoir été un peu moins obtuse que dans le *Ch. Coroninii*. On ne voit aucune trace de l'œil, et il est impossible de rien dire sur les pièces de la bouche. Le seul fait que l'on puisse constater est l'existence de quelques épines qui paraissent avoir bordé le préopercule; nous n'avons pas cependant une certitude complète sur ce fait.

COLONNE ÉPINIÈRE ET CÔTES. Nous ne connaissons que les 24 premières vertèbres; leurs corps sont à peu près aussi hauts que longs; ils portent des neurapophyses obliques, assez robustes, irrégulières, avec lesquelles se mêlent plusieurs traces d'apophyses rayonnantes. Les côtes ne sont conservées que dans leur partie supérieure. Toutes ces

---

[1] *F.-J. Pictet*, Matériaux pour la Paléontologie suisse. 2me série. Description des Poissons des Voirons. 3me partie, p. 2, pl. 1.

pièces du tronc rappellent beaucoup par leurs directions et leur complication les Halécoïdes vivants.

NAGEOIRES PECTORALES. Ces nageoires forment, comme nous l'avons dit, la pièce la
plus importante de notre poisson. Elles se présentent de telle manière que celle de
droite est entièrement conservée sous forme d'empreinte, et que celle de gauche est
réduite à quelques traces des rayons de sa base. Les rayons conservés de la nageoire
droite sont très-larges; ils paraissent l'être davantage que dans aucune espèce connue.
Le premier a été en partie dépassé par le second, et il est difficile de bien distinguer
ce qu'il faut attribuer à l'un ou à l'autre. Celui que nous considérons comme le second
paraît être le plus considérable de tous ; il a une longueur de 55 millimètres et s'élargit
uniformément depuis sa base jusqu'à son extrémité, où il atteint une largeur de 8 millimètres. Il est partagé dans sa longueur en deux surfaces inégales limitées par une strie
profonde qui forme une saillie dans l'empreinte. L'area antérieure, qui est la plus
étroite, présente de fines stries obliques; la postérieure est ornée de stries longitudinales rayonnantes inégales, nulles à la base, au nombre de trois ou quatre principales
un peu avant le milieu, et de stries accessoires s'intercalant entre les précédentes. Sur
l'area antérieure du premier et du second, l'on voit en outre quelques faibles impressions transversales, trace des articles nombreux qui, dans ce genre, bordent l'extrémité
antérieure des rayons. Le troisième, le quatrième et le cinquième rayons sont semblables à l'area postérieure du second ; ils vont également en s'élargissant vers l'extrémité,
mais ils diminuent graduellement de longueur, le dernier n'ayant que 20 millimètres ;
ils sont de même divisés par des stries dont les principales naissent à peu près vers le
milieu, et dont les accessoires intercalées sont de grandeur inégale. Après ces rayons,
on voit des traces de plus en plus confuses de rayons étroits ; il nous est impossible d'en
compter au delà du huitième.

ÉCAILLES. On voit des traces assez marquées d'écailles qui atteignent une hauteur de
8 à 9 millimètres ; leur bord paraît arrondi, et elles présentent par places quelques
traces de stries rayonnantes peu distinctes.

LOCALITÉ. Hakel. Nous n'en connaissons qu'un seul échantillon.

Explication des figures.

Pl. XIII. Chirocentrites libanicus, Pictet et Humbert. — Musée de Genève.

FAMILLE DES SILUROIDES

Genre COCCODUS, Pictet.

COCCODUS ARMATUS, Pictet.

Pictet, 1850, Description de quelques poissons fossiles du mont Liban, p. 51, pl. 9, fig. 9.

Localité. Hakel.

FAMILLE[1] DES HOPLOPLEURIDES

Le groupe des Hoplopleurides a été établi par l'un de nous[2] pour des poissons qui manquent en général d'écailles proprement dites, mais qui sont armés sur le dos et sur les flancs d'écussons disposés en séries (souvent au nombre de cinq). Leur tête est en général allongée et armée de dents pointues et inégales. Les os de la tête sont souvent sculptés ou granuleux.

Le genre le plus anciennement connu parmi ceux que nous lui rapportons est celui des *Dercetis,* Ag.

---

[1] Nous avons intitulé ce paragraphe *Famille* des Hoplopleurides, parce que, dans le présent travail, nous n'avons jamais discuté les caractères des divisions supérieures. Nous considérons cependant ce groupe comme devant former un ordre, et il a été établi comme tel. Il y aura peut-être lieu une fois de discuter s'il doit renfermer une seule famille ou plusieurs. Nous avons provisoirement adopté le premier de ces partis; cette famille unique peut donc porter le nom que nous lui donnons ici.

[2] *Pictet, F.-J.*, Traité de Paléontologie. 2me édition, tome II, p. 213.

En 1849, Heckel[1] a fait connaître sous le nom de *Sauroramphus* un type très-remarquable provenant de Comen.

Le premier mémoire de l'un de nous sur les poissons du Liban (1850) y a ajouté celui des *Eurypholis*, qui est voisin du précédent.

En 1863, M. von der Marck[2] a établi le genre *Leptotrachelus*, qui se rapproche des *Dercetis*; celui des *Pelargorhynchus*, qui, outre des écussons semblables à ceux de ce dernier genre, porte de petites écailles et a une dorsale très-développée, et celui des *Ischyrocephalus*, qui, à certains caractères des Eurypholis, en joint d'autres qui semblent le rapprocher des Salmones.

M. Günther[3] a décrit récemment sous le nom de *Plinthophorus* un poisson de la craie inférieure d'Angleterre, plus voisin des Eurypholis que des Dercetis, mais très-distinct des uns et des autres.

Les rapports de ces poissons ont été diversement appréciés. M. Agassiz, qui ne connaissait que les Dercetis, les a placés dans les Ganoïdes; mais il ne faut pas oublier qu'il étendait les limites de cette sous-classe bien plus loin qu'on ne l'a fait depuis lors, et qu'il y faisait rentrer les Sclérodermes, les Lophobranches, etc. Heckel a soutenu la même opinion au sujet des Sauroramphus; il s'est basé pour cela sur l'existence de quelques caractères qui ne nous paraissent pas avoir la portée qu'il leur a attribué. M. Günther est resté dans le doute; il pense que l'on ne peut décider si les Plinthophorus sont des Ganoïdes ou des Téléostéens, mais que, s'ils appartiennent à cette dernière sous-classe, ils sont les restes d'une famille éteinte qui n'est plus représentée dans le monde actuel. M. von der Marck attribue à la sous-classe des Téléostéens les Ischyrocephalus, mais place ses deux autres genres dans les Ganoïdes. Quant à nous, nous croyons que tous ces genres font partie d'une même division; nous nous basons sur les grandes analogies que présentent dans toutes les séries d'écussons et sur les transitions qui les lient. Nous sommes convaincus qu'ils appartiennent tous à la sous-classe des Téléostéens, et cela par des motifs que nous

---

[1] *Heckel*, Beiträge zur Kenntniss der fossilen Fische Œsterreichs. Wien, 1849, p. 17.

[2] *Von der Marck*, Fossile Fische, Krebse und Pflanzen aus dem Plattenkalk der jüngsten Kreide in Westphalen. Palæontographica, tome XI, 1863-64.

[3] *Günther*, Geological magazine, 1864, p. 114, pl. VI.

discuterons en traitant des genres qui sont représentés au mont Liban, et en particulier au sujet des Eurypholis. Nous combattrons alors l'opinion de Heckel, qui place parmi les Ganoïdes le genre Sauroramphus, genre incontestablement voisin des Eurypholis. Quant aux Dercetis et aux genres voisins dont les détails d'organisation nous sont moins connus, nous croyons qu'il y a tous les motifs pour les associer aux précédents.

Nous avons été confirmés dans notre manière de voir par une communication que nous devons à la complaisance de M. le professeur Kœlliker. Cet habile micrographe a bien voulu, sur notre demande, étudier l'organisation microscopique des os et des écailles des genres Eurypholis et Leptotrachelus. Il nous écrit :

1º Que les os des Eurypholis ne contiennent point de corpuscules osseux ; que ces os sont homogènes et ne renferment que de rares canaux médullaires, et par-ci par-là des tubes ou canaux très-fins (*lepidine tubes* de Williamson). Cette organisation les place dans la première catégorie de poissons établie dans son mémoire[1] sur la structure microscopique du squelette des poissons osseux. Cette catégorie contient tous les Acanthoptérygiens, sauf un petit nombre de *Scombéroïdes*, les *Anacanthini*, les *Plectognathi*, les *Lophobranchii* et une partie seulement des *Physostomi*.

2º Les os des Leptotrachelus ne contiennent également point de corpuscules osseux, mais seulement des stries parallèles et, en quelques endroits, de petits corps de la grandeur de $0^{mm},001$ à $0^{mm},002$, qui sont peut-être occasionnés par des tubes analogues aux tubes dentaires que l'on trouve aussi dans beaucoup d'os de poissons Acanthoptérygiens. M. Kœlliker ajoute qu'il n'a pas pu s'assurer que ces parties fussent véritablement des tubes. Ces Leptotrachelus, et par conséquent les Dercetis, rentrent donc dans la même catégorie que les Eurypholis.

Nous nous bornons à reproduire ici la caractéristique des différents genres que nous faisons rentrer dans cette famille, nous réservant de discuter plus loin en détail les affinités zoologiques de ceux qui se trouvent au mont Liban.

---

[1] *Kœlliker, A.*, Ueber verschiedene Typen in der microscopischen Structur des Skelettes der Knochenfische. Verhandl. d. Würzburger Gesellschaft, tome IX, 18 décembre 1858.

Genre *Dercetis*, Ag. — Corps allongé. Dorsale occupant à peu près toute la ligne du dos; anale atteignant la moitié de cette longueur; pectorales très-grandes; ventrales courtes, très-rapprochées des pectorales. Trois rangées d'écussons osseux, granuleux à leur surface extérieure, en forme de cœur de carte.

Genre *Leptotrachelus*, von der Marck. — Corps allongé, plus étroit dans toute sa partie antérieure. Dorsale courte, submédiane; anale courte, probablement à égale distance de la dorsale et de la queue; ventrales situées sous la dorsale. Cinq séries d'écussons (trois selon M. von der Marck), dont une dorsale et deux sur chaque flanc; ces écussons sont en majorité tricuspides, quelques-uns en forme de cœur.

Genre *Pelargorhynchus*, von der Marck. — Corps allongé comme celui d'une anguille. Dorsale haute et très-longue, naissant un peu en arrière du milieu du corps et s'étendant jusque près de la queue; anale courte, mais assez élevée, située très-près de la queue; caudale peu échancrée; pectorales médiocres; ventrales situées vers le milieu du corps. Plusieurs rangées d'écussons en forme de cœur allongé, entre lesquels on remarque une sorte d'écaillure formée de nombreux écussons très-petits, serrés, rhomboïdaux.

Genre *Plinthophorus*, Günther. — Corps oblong. Dorsale courte, submédiane; anale courte, un peu en arrière de la dorsale; ventrales sous la dorsale. Quatre séries d'écussons, dont deux de chaque côté; ces écussons sont osseux, imbriqués, en forme de fer de lance, non échancrés en arrière.

Genre *Sauroramphus*, Heckel. — Tête rappelant la forme de celle du Brochet, quadrangulaire, déprimée, à museau allongé et aplati, couverte de granulations; dents petites, égales, sauf quelques antérieures plus grandes. Point d'apophyses rayonnantes à la colonne épinière. Dorsale médiocre, un peu en arrière du milieu; anale un peu plus longue; pectorales médiocres; ventrales un peu plus rapprochées des pectorales que de la dorsale. Trois (ou cinq) rangées d'écussons osseux, dont une sur le dos, une de chaque côté sur le milieu des flancs, et probablement encore une de chaque côté dans la région ventrale; les écussons de la rangée dorsale sont ovales, au nombre de sept entre l'occiput et la dorsale; cette série se continue, en arrière de la dorsale, jusqu'à la queue.

Genre *Eurypholis,* Pictet. — Corps probablement aussi large que haut, très-atténué en arrière. Tête grande, formée d'os granuleux. Bouche grande, dents nombreuses, pointues, inégales. Vertèbres antérieures portant des apophyses rayonnantes obliques. Une dorsale presque médiane, courte; anale à peu près de même longueur; caudale très-homocerque, à rayons larges, principalement ceux de la base. Écussons paraissant disposés sur trois rangées, dont une dorsale et deux latérales; rangée dorsale formée de trois écussons ovales entre l'occiput et la nageoire dorsale; écussons des rangées latérales plus ou moins échancrés ou anguleux.

Genre *Ischyrocephalus,* von der Marck. — Corps robuste, comprimé. Bouche fortement fendue, armée de dents inégales, dont quelques-unes très-grandes. Deux dorsales dont la première, courte et haute, est située vers le milieu, et dont la seconde est adipeuse; anale longue; caudale à rayons aplatis comme dans les Eurypholis; pectorales grandes; ventrales petites, situées un peu en avant de la première dorsale. Une série de quatre écussons rhomboïdaux entre l'occiput et la première dorsale; M. von der Marck n'en indique point d'autres.

Genre DERCETIS, Agassiz.

Nous n'avons rien à ajouter à la caractéristique du genre tel que nous l'avons établie ci-dessus d'après M. Agassiz. Nous le pouvons d'autant moins que de nouvelles études nous ont montré que, sur les trois espèces décrites dans le premier mémoire sur les Poissons fossiles du Liban, il y en a deux qui, ainsi que nous le montrerons plus bas, doivent être transportées dans le genre Leptotrachelus; ce sont les *D. triqueter* et *D. tenuis.* Nous maintenons provisoirement dans le genre Dercetis le *D. linguifer,* connu par un fragment très-insuffisant figuré dans le premier mémoire, et auquel nos nouvelles collections n'ont rien ajouté. Nous nous basons, pour le maintenir, sur deux faits : l'un, c'est que ses écussons sont granuleux comme dans les Dercetis; l'autre, c'est qu'il a une certaine ressemblance avec le *Dercetis elongatus* représenté par M. Agassiz dans la fig. 5 de sa pl. 66 *a*.

DERCETIS LINGUIFER, Pictet.

Pictet, 1850, Description de quelques poissons fossiles du mont Liban, p. 47, pl. 9, fig. 7 et 8.

LOCALITÉ. Sahel Alma.

GENRE LEPTOTRACHELUS, von der Marck.

LEPTOTRACHELUS TRIQUETER, Pictet et Humbert.

(Pl. XIV, fig. 1 et 2.)

Dercetis triqueter, Pictet, 1850, Description de quelques poissons fossiles du mont Liban, p. 47, pl. 9, fig. 5 et 6.

FORMES GÉNÉRALES. Poisson très-allongé, dont la partie la plus large est la tête ; celle-ci est suivie d'un cou très-mince dans une longueur à peu près égale à celle de la tête ; le corps va ensuite en s'élargissant pendant une longueur à peu près égale ; alors commence la plus grande largeur. Avant la queue, le corps redevient plus mince.

La description originale de cette espèce avait été faite d'après un échantillon très-incomplet ; il ne nous paraît pas impossible aujourd'hui qu'une partie au moins de ceux qui ont servi à établir le *Dercetis tenuis* ne soit autre chose que la région cervicale du *Lept. triqueter*. Un exemplaire plus complet (figuré pl. XIV, fig. 1), en nous permettant de nous faire une idée plus exacte de l'ensemble de ce poisson, nous montre une singulière différence entre les régions antérieure et moyenne de la colonne épinière, différence tout à fait semblable à celle qui a été signalée par M. von der Marck chez le *Leptotrachelus armatus*.

TÊTE. La tête est triangulaire, pointue, environ trois fois aussi longue que large ; sa plus grande largeur correspond à la région du préopercule. Les deux mâchoires sont droites et minces ; elles portent de petites dents nombreuses, dont les antérieures sont un peu arquées. On voit aussi quelques petites dents sur un os qui nous paraît être un ptérygoïdien. Les rayons branchiostègues sont longs et minces. Le préopercule est aminci et arrondi en arrière.

COLONNE ÉPINIÈRE ET CÔTES. Les vertèbres du cou sont grêles, amincies dans leur milieu et profondément cannelées ; les suivantes deviennent de plus en plus épaisses en conservant toujours ce caractère d'être beaucoup plus larges à l'articulation qu'au milieu. Les côtes sont très-mal conservées ; on en voit quelques-unes, minces et grêles, dans la région du cou. Dans la partie large du corps, chaque vertèbre porte une forte neurapophyse et une hæmapophyse opposée. On remarque, en outre, par places quelques petites apophyses trop irrégulières pour qu'on puisse les décrire.

NAGEOIRES IMPAIRES. La nageoire *dorsale* n'a laissé aucune trace sur nos échantillons. L'*anale* est courte, située fort en arrière, mais restant toutefois à une certaine distance de la *caudale*. Cette dernière ne nous est pas connue d'une manière complète, ses rayons étant brisés et contournés.

NAGEOIRES PAIRES. Les nageoires *pectorales* sont situées un peu en arrière de la tête et paraissent être médiocres ; leurs rayons externes sont aplatis. Nous attribuons aux *ventrales*, sans pouvoir justifier cette opinion par des preuves complètes, un faisceau de rayons qui sont situés au commencement de l'élargissement du corps, c'est-à-dire à deux longueurs de tête de l'occiput.

ÉCAILLES. L'étude de nos nouveaux échantillons nous a prouvé que les écailles sont plus nombreuses et plus variées que la description donnée dans le premier mémoire ne pouvait le faire supposer. Ce n'est pas toutefois sans grande peine que nous sommes parvenus à nous rendre compte de leur disposition, et ce n'est pas sans quelque hésitation que nous en donnons la description suivante :

Ces écailles forment cinq rangées au moins dans certaines parties du corps, une dorsale médiane et deux latérales de chaque côté. La rangée dorsale n'a été observée que dans la partie antérieure du cou, sur une longueur moindre que celle de la tête. Les écailles de cette rangée sont en forme de fer de flèche à pointe dirigée en avant ; les côtés sont arrondis de manière à ce que la plus grande largeur soit un peu en arrière du milieu ; leur extrémité postérieure est échancrée par un angle aigu ; elles se terminent ainsi, en arrière, par deux lobes pointus. Les écailles les plus visibles sont celles qui, dans les échantillons vus par le dos, constituent la ligne externe du corps et qui, par conséquent, occupaient probablement le milieu des flancs. Nous pouvons les suivre dans toute la longueur. Elles se présentent sous la forme de fers de flèche tricuspides, dont une des branches est dirigée en avant et dont les deux autres divergent en formant un angle obtus ; la branche antérieure est un peu plus longue que les autres dans toute la région comprise entre la tête et les nageoires ventrales ; à partir de là et dans la région de la plus grande largeur du poisson, les branches latérales tendent à prédominer, surtout la branche interne. Entre cette rangée et la rangée dorsale, on en voit de chaque côté une autre composée d'écailles plus petites, probablement plus délicates, car elles sont moins bien conservées. Ces écailles sont également en fer de flèche à pointe dirigée en avant et munies à leur base de deux prolongements divergents, plus courts et moins importants que dans les écailles de la rangée précédente. Il nous est impossible de savoir si ces rangées étaient situées en dessus ou en dessous des latérales principales.

Rapports et différences. Cette espèce appartient évidemment au genre Leptotrachelus. Nous devons toutefois faire remarquer que, pour une identification complète, il nous manque la connaissance de la dorsale et la certitude que le faisceau de rayons attribués aux ventrales représente bien ces nageoires. Nous avons pu cependant, jusqu'à un certain point, suppléer à cette lacune par l'étude d'un fragment de ce même gisement, qui représente peut-être une espèce plus grèle, mais dans lequel la disposition des écailles est tellement semblable à celle du *Lept. triqueter*, qu'il nous paraît tout au moins impossible de l'attribuer à un autre genre. Dans cet échantillon, la dorsale est représentée par une série de rayons peu écartés, grèles et au nombre d'au moins 30 ; cette nageoire occuperait à peu près le milieu du corps ; les ventrales, qui sont bien apparentes, ont leur origine à niveau du huitième rayon visible de la dorsale ; l'anale est aussi assez bien conservée.

Il ne peut y avoir aucun doute que nos échantillons principaux se rapportent bien au *D. triqueter*, Pictet ; mais nous avons eu de grandes hésitations au sujet d'un certain nombre d'autres fragments dont nous avons été obligés de négliger une partie. Il en résulte que nous ne pouvons pas décider d'une manière certaine si le *D. tenuis* doit être conservé ou réuni au *D. triqueter*. Nous serions disposés à prendre ce dernier parti pour l'échantillon représenté pl. IX, fig. 1 du premier mémoire, et comprenant un fragment de tête et de cou qui nous paraissent très-semblables aux régions analogues du poisson que nous figurons pl. XIV, fig. 1. Nous ne serions pas éloignés de considérer l'échantillon mince et allongé, dont nous avons parlé ci-dessus, comme le type d'une autre espèce plus grèle, qui serait le *D. tenuis*. Quant aux fragments représentés dans les figures 2 et 3 de la planche IX du premier mémoire, nous restons dans le doute sur l'espèce à laquelle ils appartiennent.

Le *D. linguifer*, par son corps plus large et ses écailles plus minces à proportion et plus symétriques, semble être bien caractérisé ; toutefois, depuis que nous avons reconnu combien il y a de différences entre les diverses régions d'un de ces poissons, il nous est venu quelques doutes que de nouveaux échantillons plus complets pourraient seuls dissiper.

Localité. Sahel Alma.

Explication des figures.

Pl. XIV. Fig. 1. Portion antérieure du *Leptotrachelus triqueter*, Pict. et Humb. — Musée de Genève.
Fig. 2. Portion postérieure d'un autre échantillon de la même espèce. — Musée de Genève.

13

LEPTOTRACHELUS HAKELENSIS, Pictet et Humbert.

(Pl. XIV, fig. 3.)

FORMES GÉNÉRALES ET DIMENSIONS. Nous ne possédons qu'un seul échantillon de cette espèce qui n'est pas tout à fait complet dans sa partie postérieure ; mais comme la colonne épinière se prolonge assez en arrière de la nageoire anale, nous pouvons supposer qu'il en manque bien peu. La longueur totale de la partie visible est d'environ 50 millimètres ; la tête forme un peu moins du quart de cette longueur. Nous n'avons pas le contour du corps, mais nous pouvons supposer que ce poisson était effilé comme les autres espèces du genre.

TÊTE. La tête est longue et étroite, et se termine en avant par un bec très-mince et très-pointu. Sa plus grande hauteur est à niveau du bord postérieur de l'œil ; le milieu de celui-ci correspond au tiers postérieur de la longueur de la tête. La bouche est fermée ; nous n'avons pas pu voir les dents. L'opercule est plus long que haut, faiblement acuminé en arrière, et paraît rugueux.

COLONNE ÉPINIÈRE. Nous n'avons pas pu compter exactement le nombre des vertèbres, qui est au moins de 50. Ces vertèbres sont assez allongées.

NAGEOIRES IMPAIRES. La nageoire *dorsale* commence à peu près vers la vingtième vertèbre ; elle paraît être courte et composée d'un petit nombre de rayons. La nageoire *anale* commence vers la quarantième vertèbre ; nous y pouvons compter 7 à 8 rayons.

NAGEOIRES PAIRES. Les nageoires *pectorales* occupent leur place normale ; les *ventrales* sont opposées à la dorsale ; elles sont les unes et les autres incomplétement conservées.

ÉCAILLES. Nous n'avons vu distinctement que deux rangées d'écailles, qui se trouvent en dessous de la colonne épinière ; il se pourrait cependant qu'il y en eût un plus grand nombre. La rangée inférieure forme une série continue depuis la tête jusqu'au milieu du corps ; nous ne pouvons pas savoir si elle se prolongeait au delà. Les écailles de cette rangée sont tricuspides ; la pointe antérieure est la plus grande ; les deux postérieures sont symétriques et assez divergentes. Les écailles de l'autre rangée sont moins bien conservées ; elles ne se voyent que par places ; du reste, elles paraissent être semblables aux précédentes.

LOCALITÉ. Hakel.

Explication des figures.

Pl. XIV. Fig. 3 a. Leptotrachelus hakelensis, Pictet et Humbert. — Musée de Genève.
     Fig. 3 b. Le même grossi.

Genre EURYPHOLIS, Pictet.

Corps probablement aussi large que haut, très-atténué vers l'extrémité postérieure.

Tête grande; la surface de ses os ornée de granules.

Bouche occupant la moitié de la longueur de la tête, largement ouverte; dents nombreuses, pointues, inégales.

Colonne épinière composée de vertèbres osseuses, toutes les vertèbres antérieures portant des apophyses rayonnantes obliques.

Nageoire dorsale à peu près médiane, courte; nageoire anale plus basse et à peu près de même longueur.

Nageoire caudale très-homocerque et remarquable par ses rayons larges, principalement ceux de sa base.

Écailles osseuses, paraissant disposées sur trois rangées, dont une dorsale et deux latérales allant depuis la tête jusqu'à la queue. Les écailles de la rangée dorsale sont ovales, très-granuleuses, les antérieures étant les plus grandes de toutes; les écailles des rangées latérales sont plus ou moins échancrées et anguleuses.

Histoire. Lorsque ce genre a été établi dans le premier mémoire de l'un de nous sur les poissons du Liban[1], ses caractères n'étaient pas aussi complétement connus qu'aujourd'hui; en particulier, l'on n'avait pas encore eu la queue ni les rangées latérales d'écailles.

En l'étudiant sur des échantillons plus complets, nous avons vu qu'il a de très-grands rapports avec celui des *Sauroramphus* établi en 1849 par Heckel[2], et par conséquent antérieur d'un an au genre Eurypholis. Tou-

---

[1] *Pictet*, Description de quelques poissons fossiles du mont Liban, 1850, p. 28.
[2] Beiträge zur Kentniss der fossilen Fische Oesterreichs, p. 17, pl. 6 et 7.

tefois, malgré l'analogie incontestable qui existe entre ces deux genres, nous croyons devoir conserver, jusqu'à plus ample information, celui des Eurypholis, parce qu'il y a entre eux et les Sauroramphus des différences d'une certaine importance, comme on en pourra juger par l'analyse suivante :

1° La tête des Eurypholis est plus courte et plus grosse proportionnellement que celle des Sauroramphus; elle n'a point l'apparence sauroïde de ces derniers, et ne forme point ce long museau aplati qui les caractérise.

2° Chez les Eurypholis les dents sont beaucoup plus inégales; les plus grandes sont réparties sur toute la longueur des mâchoires, au lieu de ne former qu'un crochet vers l'extrémité antérieure du maxillaire supérieur.

3° La colonne épinière porte dans toute sa longueur des neurapophyses distinctes, et les vertèbres antérieures ont toutes des apophyses latérales rayonnantes, tandis que dans les Sauroramphus les vertèbres antérieures ne portent ni les unes ni les autres.

4° Les vertèbres, rétrécies dans leur milieu et larges à l'articulation, sont d'une nature évidemment osseuse, tandis que Heckel donne celles du Sauroramphus comme cartilagineuses.

Nous considérons ces deux genres comme devant être maintenus l'un et l'autre, mais comme appartenant à la même famille naturelle. Or, Heckel rapportait ses Sauroramphus à la sous-classe des Ganoïdes, opinion qui avait été adoptée par l'un de nous[1]. Il nous reste à discuter les motifs qui pourraient justifier cette manière de voir.

On sait que les limites de cette sous-classe des Ganoïdes sont très-difficiles à établir pour tous les poissons dont on ne connaît pas le cœur, et par conséquent pour tous les poissons fossiles. Les auteurs sont d'accord pour considérer comme Ganoïdes les poissons qui ont des valvules multiples. Mais parmi les caractères accessoires et les caractères extérieurs, il y en a qui laissent souvent des doutes. Les Sauroramphus, non plus que les Eurypholis, ne présentent parmi ces caractères extérieurs aucun de ceux qui

---

[1] *Pictet*, Traité de Paléontologie, t. II, p. 215.

sont réputés incontestables, à savoir : une corde dorsale indivise jointe à un squelette osseux, des écailles articulées les unes avec les autres par un processus, ni des fulcres sur les rayons des nageoires.

Le caractère sur lequel s'appuie principalement Heckel, est l'existence d'osselets surapophysaires. On sait que M. Agassiz a donné ce nom à une série d'osselets qui sont compris entre les neurapophyses ou les hæmapophyses d'une part et les osselets porte-nageoire de l'autre, et qu'il les considère comme un caractère certain de Ganoïde. Mais il nous paraît évident que, si l'on compare ces osselets tels qu'ils ont été figurés par exemple dans le *Platysomus* [1] avec ceux des Sauroramphus, l'on reconnaîtra qu'ils sont bien loin d'avoir une signification identique. En revanche, l'on trouve chez plusieurs poissons vivants, et en particulier chez des Halécoïdes, une organisation tout à fait analogue à celle du Sauroramphus et des Eurypholis.

Nous renvoyons en outre à ce que nous avons dit plus haut (p. 91) sur la structure microscopique des os des Eurypholis, telle qu'elle résulte des recherches de M. Kœlliker. Cette structure ne s'accorde en aucune manière avec celle des os des Ganoïdes, et présente au contraire tous les caractères de celle des os des Téléostéens.

Il est un autre genre avec lequel les Eurypholis, surtout l'*E. longidens*, ont des rapports dont il nous est difficile d'apprécier complétement la portée. C'est celui des *Ischyrocephalus*, établi par M. von der Marck [2]. Ces poissons de la craie de Westphalie ont, comme les Eurypholis, un corps robuste et une bouche largement ouverte et fortement armée, dans laquelle on remarque à la mâchoire supérieure (au moins chez l'une des espèces) une grande dent tout à fait semblable à celle de l'*Eurypholis longidens*. Ils ressemblent aussi aux Eurypholis par une série dorsale d'écailles trapézoïdales couvertes de granules disposés en lignes rayonnantes; seulement ces écailles sont au nombre de quatre au lieu de trois. La forme et la position des nageoires sont aussi à peu près les mêmes que chez les Eurypholis, et, en particulier, la caudale a les mêmes rayons aplatis. En même temps, ils

[1] *Agassiz*, Poissons fossiles, tome II, pl. D, fig. 2.
[2] Palæontographica, tome XI, 1863, p. 28, pl. II, fig. 2, et pl. III, fig. 4.

paraissent en différer par plusieurs caractères importants; ainsi ils ont une nageoire adipeuse dont nous n'avons trouvé aucune trace chez nos Eurypholis, les rangées latérales d'écussons paraissent manquer complétement, et les os de la tête ne sont pas décrits comme granuleux. M. von der Marck place ces poissons dans la famille des Characins.

EURYPHOLIS BOISSIERI, Pictet.

(Pl. XV et XVI.)

Eurypholis Boissieri, Pictet, 1850, Poissons du Liban, p. 30, pl. 4, fig. 2, 3, 4.
Eurypholis sulcidens, Pictet.   Id.   p. 81, pl. 4, fig. 1.

DIMENSIONS :

Longueur totale, environ.. 180 mm.
Hauteur 30

FORMES GÉNÉRALES. Ce poisson était probablement cylindrique et même un peu déprimé ; c'est du moins ce qui semble résulter du fait qu'une grande partie des échantillons sont fossilisés en étant aplatis sur leur dos ou leur ventre, et que parmi ceux qui sont conservés de profil il arrive rarement que la ligne médiane corresponde au bord de l'empreinte. La tête est grosse par rapport à l'ensemble du corps; la plus grande hauteur paraît être immédiatement en arrière d'elle, et depuis là le corps s'atténue graduellement jusqu'à la queue, dont le pédicelle est étroit.

TÊTE. La longueur de la tête depuis le bout du museau jusqu'à l'extrémité postérieure de l'opercule égale à peu près deux fois sa hauteur, et forme environ un tiers de la longueur du corps sans la queue. La bouche égale la moitié de la longueur de la tête. Les os de la tête sont solides ; leur surface externe est couverte de granulations disposées en séries, rappelant beaucoup sous ce rapport l'organisation des Trigles (ex. *Trigla gurnardus*, L.). Ces granulations sont en particulier bien visibles sur tous les os qui forment la voûte supérieure du crâne, les pièces operculaires et les mâchoires. L'œil a laissé des traces peu certaines ; il paraît avoir été situé sur le milieu de la longueur de la tête. La bouche est large et fortement armée. Les intermaxillaires sont petits et ne forment que l'extrémité du museau. Ils ne portent qu'un petit nombre de dents. La presque totalité de la mâchoire supérieure est formée par le maxillaire ; cet os est presque droit, ainsi que le maxillaire inférieur, qui est plus robuste que lui. Les dents sont inégales ; chaque mâchoire en porte de chaque côté une dizaine de grandes, entre lesquelles on en voit de nombreuses plus petites. Celles de la mâchoire supérieure sont, en général, un peu plus robustes et un peu plus courtes. Celles de la mâchoire inférieure sont plus aiguës, et, près de l'extrémité antérieure, il y en a qui atteignent jusqu'à 4 millimètres de longueur. Ces dents sont droites ou peu arquées ; quelques-unes sont lisses, d'autres sillonnées de stries longitudinales, et d'autres enfin ont des cannelures bien marquées.

L'opercule est triangulaire et prolongé, du côté postérieur, en une pointe aiguë qui dépasse l'arc pectoral. Il est orné de lignes granuleuses rayonnant depuis le milieu de sa partie antérieure. Le sous-opercule est ovale, arrondi en arrière et orné de stries granuleuses rayonnant de son bord antérieur ; il ne dépasse pas l'arc pectoral. L'interopercule paraît être une petite pièce triangulaire. Le préopercule se présente sous la forme d'une pièce robuste, verticale, étroite, en arrière de laquelle se trouve un espace granuleux également étroit. Les rayons branchiostègues sont nombreux ; nous en comptons au moins 14 ou 15 de chaque côté ; les premiers sont minces et longs, les derniers plus larges et plus courts.

Colonne épinière et côtes. La colonne épinière est composée de 35 vertèbres visibles, auxquelles il faut en ajouter 4 ou 5 cachées par les pièces operculaires. Elles sont trèsétranglées dans leur milieu ; à en juger par la matière qui s'est déposée, les cônes étaient fort grands par rapport au reste des corps de vertèbres. Les neurapophyses sont courtes et épaisses, fixées sur la partie postérieure du corps de la vertèbre par une base élargie ; les plus courtes et les plus obliques sont sous la nageoire dorsale ; celles qui les précèdent sont difficiles à voir ; elles paraissent être plus grêles et plus longues ; les postérieures sont un peu relevées et médiocrement fortes. Dans la région caudale, les apophyses inférieures leur sont symétriques. On voit, en outre, dans toute la longueur de la colonne épinière deux séries d'apophyses minces, obliques en arrière, que nous n'avons pas pu rétablir d'une manière complète.

Nageoires impaires. La nageoire *dorsale* a son premier rayon un peu en avant du milieu de la longueur du corps sans la queue. Elle est courte, et ne représente à peu près qu'un huitième de cette longueur. On y compte 13 osselets porte-nageoire, et 13 ou peut-être 14 rayons mous qui paraissent avoir été assez allongés. La nageoire *anale* est un peu plus longue et un peu moins haute que la dorsale. Son premier rayon est à peu près autant en arrière de la dorsale que son dernier l'est de la caudale. Elle a, comme la dorsale, 13 osselets porte-nageoire et 14 rayons. La nageoire *caudale* est assez profondément divisée en deux lobes peu aigus ; elle est symétrique ; la colonne épinière s'y termine sans presque se diriger vers la partie supérieure. Les rayons principaux qui aboutissent à la pointe de chaque lobe sont remarquablement larges ; chacun d'eux est précédé par au moins une dizaine de rayons arqués diminuant graduellement en avant jusqu'à devenir très-petits, et contribuant ainsi à arrondir et à élargir la queue dès sa base. Les autres rayons diminuent graduellement de largeur jusqu'à la ligne médiane.

Nageoires paires. L'arc pectoral se termine inférieurement par une forte pièce osseuse triangulaire, à stries granuleuses, dont la partie postérieure forme une pointe assez aiguë, et dont la partie antérieure s'appuie sur le bord postérieur du sous-opercule et de l'interopercule. Nous n'avons pas pu voir si la partie supérieure de cet arc porte aussi des prolongements analogues. Les nageoires *pectorales* sont petites. Les nageoires *ventrales* sont portées par deux fortes pièces triangulaires, élargies en avant, qui arrivent jusque vers la pointe postérieure de la pièce qui termine en bas l'arc pectoral. Nous n'osons pas affirmer qu'elles soient en contact avec cette pièce, comme semblent l'indiquer quelques échantillons. La nageoire elle-même est grande, et paraît avoir été composée de rayons très-longs et très-flexibles.

Écailles. L'écaillure, qui forme un des caractères les plus importants de cette espèce, est composée de trois rangées d'écailles disposées l'une sur la ligne médiane, et les deux autres vers le milieu de chaque flanc. Celle de la ligne médiane commence immédiatement en arrière d'une pièce osseuse granuleuse qui paraît placée sur l'occiput en dessus de l'arc pectoral. Elle est composée seulement de trois grandes écailles, très-apparentes, remplissant l'espace compris entre cette pièce et la dorsale; nous n'avons aucun motif pour supposer que d'autres écailles la continuent en occupant l'espace compris entre la partie postérieure de la dorsale et l'origine de la caudale. Ces trois grandes écailles antérieures sont à peu près ovoïdes, étant un peu plus atténuées du côté postérieur que de l'antérieur; leur diamètre longitudinal atteint à peu près les trois quarts du transversal, qui est de 14 millimètres dans l'écaille antérieure de nos plus grands échantillons; cette écaille est la plus grande, et la troisième est la plus petite. Elles sont placées de telle manière que la pointe postérieure de l'une est recouverte par la partie antérieure de celle qui la suit. Leur face interne est lisse; leur face externe est ornée de granulations disposées en lignes concentriques un peu confuses vers le centre et plus régulières sur les bords. Elles portent, en outre, une carène longitudinale plus marquée à la face externe qu'à la face interne.

Chaque rangée latérale est composée d'au moins 35 écailles qui commencent en arrière des pièces operculaires pour aller également jusqu'à la nageoire caudale. Elles sont anguleuses et traversées par une carène oblique; leur bord postérieur est échancré et divisé en deux pointes, dont la plus aiguë correspond à l'extrémité de la carène; dans les antérieures, le diamètre transversal dépasse un peu le longitudinal; le contraire a lieu pour les postérieures qui sont sensiblement plus étroites. Leur face interne est lisse, et leur face externe granuleuse.

Rapports et différences. De nouveaux et abondants matériaux nous font croire aujourd'hui que l'on ne doit pas séparer, ainsi que cela avait été fait dans le premier mémoire, l'*Eurypholis sulcidens* de l'*Eurypholis Boissieri*. Cette distinction avait été basée principalement sur les dents, sur la forme du museau et sur la position de la dorsale. Nous avons reconnu que, lorsque la dentition est complète, il y a des dents lisses et des dents sillonnées. Nous nous sommes assurés aussi que l'échantillon unique sur lequel avait été établi l'*E. sulcidens* présentait des conditions un peu anormales sous le point de vue de sa dorsale, qui a été évidemment poussée en avant par la fossilisation. On trouve la preuve de ce fait dans la direction trop verticale des premiers osselets porte-nageoire. Ce même poisson ne doit l'apparence obtuse de son museau qu'à ce que sa bouche est fermée. Les différences de proportion entre les trois premières écailles dorsales nous semblent aussi perdre de leur importance à la suite de comparaisons plus étendues.

Quant à l'*E. longidens*, c'est une espèce bien distincte, comme nous le montrerons plus bas.

Localité. Hakel.

Explication des figures.

Pl. XV. Fig. 1.	*Eurypholis Boissieri*, Pictet. — Musée de Genève.	
Fig. 2.	Id.	Restauration du squelette.
Fig. 2 a.	Id.	Les trois écailles de la rangée dorsale ; grossies.
Fig. 2 b.	Id.	Quatre écailles d'une des rangées latérales ; grossies.
Pl. XVI. Fig. 1-3.	Id.	Trois autres échantillons. — Musée de Genève.
Fig. 4 a.	Id.	Échantillon vu du côté du ventre. — Communiqué par M. Gaudry.
Fig. 4 b.	Id.	Écailles de la rangée dorsale du même échantillon ; grossies.

EURYPHOLIS LONGIDENS, Pictet.

(Pl. XVII.)

Eurypholis longidens, Pictet, 1850, Poissons du Liban, p. 31, pl. 5, fig. 1.
Isodus sulcatus, Heckel, 1843, Fische Syriens, p. 241 (343), pl. 23, fig. 4.

Dans le premier mémoire de l'un de nous sur les Poissons du Liban, c'est avec quelque hésitation que cette espèce avait été rapportée au genre Eurypholis ; mais l'étude de nouveaux matériaux ne nous laisse plus de doutes à cet égard. Nos échantillons appartiennent à des individus de dimensions très-différentes, dont les plus grands nous ont servi à figurer les mâchoires, mais dont aucun n'est suffisant pour nous permettre de reconstituer la forme générale, qui n'a pas dû s'éloigner beaucoup de celle de l'*E. Boissieri*.

Tête. La tête, vue de profil, est obtuse et présente une bouche largement fendue et

14

puissamment armée ; vue en dessus, elle rappelle un peu celle d'un Chabot (*Cottus gobio*). Les pièces operculaires sont régulièrement arrondies et ornées de stries rayonnantes granuleuses coupées par quelques lignes concentriques. Les autres os de la tête paraissent avoir été également couverts de lignes saillantes granuleuses. L'œil est situé un peu en avant du milieu. La mâchoire supérieure est formée par un intermaxillaire court et un maxillaire droit et allongé ; la mâchoire inférieure est beaucoup plus robuste ; ces os sont couverts de lignes saillantes longitudinales granuleuses. Les dents, qui forment un des caractères les plus remarquables de ce poisson, sont disposées comme suit : L'intermaxillaire ne porte que de petites dents courtes ; le maxillaire est armé en avant d'une très-grande dent droite, après laquelle viennent des dents très-espacées, d'autant plus courtes et plus larges qu'elles sont plus en arrière ; entre elles, on en distingue de plus petites intercalées. A la mâchoire inférieure, on voit en avant une ou deux petites dents suivies d'une très-grande ; après elle, se trouvent six dents espacées ayant à peu près la moitié de la longueur de la grande. Toutes ces dents sont droites ou faiblement arquées ; elles sont lisses ; quelques-unes sont striées à la base, surtout à leur face interne.

Colonne épinière et côtes. Les nouveaux échantillons que nous avons eus ne nous ont rien appris sur la colonne épinière. Nous ne pouvons, pas plus que dans le premier mémoire, estimer le nombre des vertèbres, ni la disposition des côtes et des apophyses.

Nageoires impaires. La nageoire *dorsale* est haute et courte ; nous y comptons 16 rayons ; l'*anale* est située plus en arrière qu'elle, et est sensiblement plus longue ; nous y comptons au moins 19 rayons. Nous attribuons à cette espèce une *caudale* bien conservée qui est identique à celle de l'échantillon figuré pl. V, fig. 1, du premier mémoire. Elle présente les mêmes caractères que celle de l'*E. Boissieri* de Hakel, étant profondément divisée en deux lobes aigus et composée de rayons plats divisés en articles relativement assez longs. Dans chaque lobe, le plus grand de ces rayons, c'est-à-dire celui qui forme la pointe du lobe, est en même temps le plus large ; il est précédé par une dizaine de rayons un peu sinueux, convexes en avant et comme imbriqués, décroissant uniformément jusqu'à la base de la caudale.

Nageoires paires. Nous ne trouvons que de faibles traces des nageoires paires, qui montrent seulement qu'elles étaient peu développées.

Écailles. L'on voit sur le dos, entre l'occiput et la dorsale, quelques débris des trois écailles caractéristiques du genre ; elles sont ovales et ornées de stries rayonnantes granuleuses. On aperçoit également les traces d'une série latérale d'écailles qui se termine vers la queue par une plaque triangulaire.

Rapports et différences. Cette espèce se distingue clairement de la précédente par sa dentition, ainsi que par la disposition des granules des os de la tête et des écailles.

Localité. Sahel Alma.

Explication des figures.

Pl. XVII. Fig. 1. *Eurypholis longidens*, Pictet. Tête avec la bouche fermée. — Musée de Genève.

Fig. 2. *Id.* Tête avec la bouche ouverte. — Musée de Genève.

Fig. 3 et 4. *Id.* Mâchoires inférieures. — Musée de Genève.

Fig. 5. *Id.* Moitié antérieure d'un petit échantillon vu du côté du ventre. — Musée de Genève.

Fig. 6. *Id.* Queue. — Musée de Genève.

FAMILLE...?

Genre ASPIDOPLEURUS, Pictet et Humbert.

Nous établissons ici un genre nouveau qui nous paraît suffisamment caractérisé, mais qui s'éloigne tellement de tous les types décrits, que nous ne pouvons le rapporter à aucune famille connue. Nous conservons en même temps des doutes sur la possibilité de le considérer comme constituant une famille nouvelle.

Ce genre peut être caractérisé comme suit :

Tête triangulaire, amincie en avant; bouche assez ouverte, armée dans toute la longueur des os maxillaires de dents coniques, pointues, faiblement arquées et inégales. Pièces operculaires ornées de stries rayonnantes.

Nageoire dorsale médiane.

Nageoire anale courte, située fort en arrière.

Pectorales grandes.

Ventrales (?).

Caudale (?).

Deux rangées au moins d'écussons plus hauts que larges, disposés obliquement, un peu imbriqués, ornés chacun d'une quille médiane horizontale dont l'ensemble forme une ligne longitudinale; le reste de leur surface est ornée de lignes saillantes dans des directions variées.

Ainsi qu'on le voit, il nous manque quelques données pour discuter complétement les rapports de ce genre.

1° La position des ventrales est douteuse.

2° Nous ne sommes pas certains que la dorsale ne soit composée que de rayons mous, quoique certainement ils soient bifurqués à partir du troisième.

3° La mâchoire supérieure nous paraît composée d'un intermaxillaire et d'un maxillaire situés à la suite l'un de l'autre, mais l'impression de ces deux os n'est pas assez parfaite pour que nous n'ayons aucun doute à cet égard.

En revanche, M. Kœlliker a bien voulu nous communiquer sur ce poisson, comme sur les Hoplopleurides, quelques renseignements précieux. Il nous écrit :

« Les os de l'*Aspidopleurus* contiennent de belles cellules osseuses, qui ont les caractères de celles de beaucoup de Malacoptérygiens. Comme les tubes que l'on trouve chez les Ganoïdes manquent complétement, je croirais que ce poisson appartient à une des autres familles à corpuscules osseux qui composent, dans mon mémoire[1], la seconde division. » Cette division comprend les Siluroïdes, les Cyprinoïdes, les Characins, les Mormyres, les Salmones, les Clupes, les Murénoïdes, les Gymnotes et quelques genres de Scombéroïdes.

La famille des Scombéroïdes ayant des représentants dans les deux divisions à corpuscules osseux et sans corpuscules, et d'un autre côté, les écussons de l'Aspidopleurus ayant une analogie frappante avec ceux de la ligne latérale des Caranx, ne se pourrait-il pas que notre genre dût être rapproché de cette famille ? Il faut toutefois remarquer que les Caranx se trouvent précisément dans le groupe qui n'a pas de corpuscules osseux.

On pourrait aussi, en se basant sur la forme de la bouche et des dents et sur la disposition des nageoires connues, trouver des analogies entre l'Aspidopleurus et les Halécoïdes et supposer qu'il a formé dans le voisinage de cette famille un type cuirassé qui n'existe plus de nos jours.

---

[1] *Kœlliker*, A.. Ueber verschiedene Typen in der microscopischen Structur des Skelettes der Knochenfische. Verhandl. d. Würzburger Gesellschaft, tome IX, 18 décembre 1858.

Aspidopleurus cataphractus, Pictet et Humbert.

(Pl. XVIII, fig. 1.)

DIMENSIONS :

Longueur sans la queue..... .... 178 mm.
Hauteur 30

FORMES GÉNÉRALES. Ce poisson, qui ne nous est connu que par un échantillon, est allongé ; mais comme il n'est vu ni de profil ni tout à fait horizontalement, il est difficile d'apprécier exactement sa forme. On peut supposer que sa largeur était à peu près égale à sa hauteur.

TÊTE. La tête est triangulaire, amincie en avant ; sa longueur est comprise un peu moins de 3 $^1/_7$ fois dans la longueur du corps sans la queue. L'œil est situé un peu en avant du milieu. La bouche est assez ouverte ; sa longueur égale à peu près la moitié de celle de la tête ; les os maxillaires sont peu courbés et portent des dents coniques, pointues, faiblement arquées, inégales et répandues sur toute la longueur des deux mâchoires. L'opercule est terminé en arrière par une pointe médiocre ; il est orné de stries rayonnantes très-prononcées et inégales, et d'une carène médiane qui aboutit à sa pointe. Le sous-opercule est arrondi, et ne porte que quelques stries concentriques. L'interopercule est triangulaire, et présente aussi quelques stries. Le préopercule est droit et étroit.

COLONNE ÉPINIÈRE ET CÔTES. Nous comptons environ 40 vertèbres sur lesquelles il semble y en avoir à peu près 14 caudales. La colonne épinière est presque droite ; les corps sont rétrécis dans leur milieu ; leur longueur est assez uniforme. Les neurapophyses sont arquées et comprimées dans la région antérieure, surtout sous la dorsale ; elles sont droites et obliques dans la région caudale. On aperçoit aussi les hæmapophyses, les côtes et de nombreuses apophyses rayonnantes, mais ces parties sont trop mal conservées pour permettre une description.

NAGEOIRES IMPAIRES. La nageoire *dorsale* est médiane ; son premier rayon est situé à peu près à la même distance du bout du museau que le dernier l'est de l'origine de la queue ; sa longueur dépasse un peu le diamètre du poisson. Cette nageoire semble composée de 14 rayons portés par un nombre à peu près égal d'osselets porte-nageoire. L'*anale* est située fort en arrière ; elle est très-courte, et n'est portée que par 6 ou 7 osselets porte-nageoire. La nageoire *caudale* manque sur notre échantillon.

NAGEOIRES PAIRES. Les nageoires *pectorales* sont portées par un arc large et strié. Elles ont une longueur de 28 millimètres, et sont composées de rayons nombreux. Des

traces confuses qui se remarquent en arrière d'elles et sensiblement en avant du niveau
du premier rayon de la dorsale, pourraient peut-être se rapporter aux *ventrales*.

Écailles. Chaque flanc porte une série d'écailles osseuses très-caractéristiques. Elles
sont beaucoup plus hautes que larges, obliques, faiblement imbriquées, munies dans
leur milieu d'une carène saillante qui, en correspondant avec celles des autres écailles,
forme une ligne longitudinale sur toute la longueur du poisson. Chaque région de
l'écaille, en dessus et en dessous de cette carène, présente des stries très-marquées,
rayonnantes et granuleuses sur la moitié antérieure, horizontales sur la moitié postérieure. Chacune de ces écailles a son bord antérieur parallèle au postérieur, mais celui-ci
s'infléchit vers chaque extrémité, de manière à les rendre pointues. On compte une
quarantaine de ces écailles dans la longueur du corps. Nous n'avons pas de preuves
suffisantes qu'il n'y ait pas eu d'autres rangées que ces deux-là.

Localité. Hakel.

Explication des figures.

Pl. XVIII. Fig. 1 a. *Aspidopleurus cataphractus*, Pictet et Humbert. — Musée de Genève.
      Fig. 1 b.   Id.   Quelques écailles d'une des rangées latérales; grossies.

FAMILLE DES SQUALIDES

Genre SCYLLIUM, Cuvier.

L'espèce qui fait l'objet de cette description appartient au genre *Scyllium*
tel que le comprenait Cuvier. Si nous la comparons avec les genres qui
composent aujourd'hui la famille des *Scylliens* correspondant à ce genre
Scyllium de Cuvier, nous reconnaissons que ses affinités probables sont
avec les *Pristiurus*, Bonaparte, auquels elle ressemble soit par ses dents,
soit par le prolongement de son museau, qui était soutenu par des tiges
dont on voit les traces sur nos empreintes. Toutefois, la queue manquant
sur ces échantillons, il nous est impossible de décider s'ils avaient le caractère essentiel du genre, à savoir la dentelure de la base supérieure de

la caudale. Il pourrait se faire ainsi que notre espèce formât un groupe différent de ceux du monde actuel, et, dans le doute, il nous a paru prudent de la rapporter au genre plus étendu dans lequel sa place est incontestable.

SCYLLIUM SAHEL ALMÆ, Pictet et Humbert.

(Pl. XVIII, fig. 2-4.)

FORMES GÉNÉRALES ET DIMENSIONS. Ce poisson est assez bien conservé dans sa partie antérieure et médiane ; mais la queue manque dans nos deux échantillons. Il a une longueur d'un peu plus de 6 centimètres entre l'extrémité antérieure des appendices du museau et la fin de la deuxième dorsale, ce qui lui assignerait une longueur totale de 10 centimètres s'il avait les mêmes proportions que le *Pristiurus melanostomus*, Bonap. Sa plus grande largeur, qui correspond à la région de la mâchoire, est de 12 millimètres.

TÊTE. La tête est remarquable par deux prolongements situés en avant du nez, longs de 8 millimètres, minces, élargis à leur base et filiformes à leur extrémité ; ils paraissent avoir supporté un museau triangulaire dont il reste des traces confuses. Il est possible que ces prolongements aient été au nombre de trois, comme dans le *Pristiurus melanostomus*, mais l'on ne peut voir les traces que de deux. La bouche est modérément arquée, à peu près comme dans le *Scyllium catulus*, formée de deux mâchoires assez robustes, portant de petites dents coniques munies de dentelons à leur base.

COLONNE ÉPINIÈRE. Elle est composée de vertèbres plus larges que longues, au-dessus desquelles on voit la série ordinaire des petits cartilages cruraux et intercruraux (Aug. Duméril, Hist. natur. des Poissons, tome I, p. 17). Sur les côtés des premières vertèbres, on voit des traces confuses des arcs branchiaux.

NAGEOIRES IMPAIRES. Ainsi que dans tous les Scylliens, il y a deux *dorsales*, dont la première est située en arrière de la ventrale. Cette première dorsale a son origine au-dessus de la vingt-septième vertèbre ; elle est assez longue, mais étroite et arrondie à son extrémité. La seconde dorsale est située non loin de la première ; elle est un peu plus courte et un peu plus large. Nous n'avons pu, ni dans l'une ni dans l'autre, voir de trace des rayons qui soutiennent ordinairement ces nageoires ; cela tient-il à un défaut de conservation ou à une organisation particulière? C'est ce que nous ne saurions décider. L'*anale* et la *caudale* manquent.

NAGEOIRES PAIRES. Les nageoires *pectorales* sont portées par un arc scapulaire médiocre ; leur base seule est conservée, et elles ne paraissent pas avoir été très-développées ; Les nageoires *ventrales* sont portées sur une ceinture pelvienne un peu plus robuste que la scapulaire ; elle est au niveau de la vingtième vertèbre. Les rayons paraissent avoir été au nombre de 17 ; ils sont un peu plus gros que ceux des pectorales, et forment une surface un peu plus étendue.

Localité. Sahel Alma.

Explication des figures.

Pl. XVIII. Fig. 2 et 3. *Scyllium Sahel Almæ*, Pictet et Humbert. — Musée de Genève.
Fig. 4. Id. Restauration.

Genre SPINAX, Cuvier.

Spinax primævus, Pictet.

Pictet, 1850, Poissons fossiles du Liban, p. 53, pl. X, fig. 1-3.

Localité. Sahel Alma.

FAMILLE DES RAIIDES

Genre RHINOBATUS, Bloch.

Nous rapportons au genre Rhinobatus un poisson dont nous ne possédons que la région médiane du corps. Cette insuffisance de caractères aurait pu nous donner quelque hésitation si les parties visibles n'étaient pas aussi identiques qu'elles le sont avec celles des Rhinobates vivants. Ce genre est si clairement caractérisé, que nous ne croyons pas une erreur possible.

Nous sommes plus embarrassés pour le comparer au genre *Spathobatis*, établi par Thiollière[1] sur un poisson des calcaires lithographiques de Cirin (département de l'Ain). L'auteur signale quelques faibles différences entre ses Spathobatis et les Rhinobatus, différences sur lesquelles notre échantillon ne nous fournit pas de lumières. Il ajoute même qu'on peut douter que les Spathobatis soient génériquement différents des Rhinobatus, et que c'est par déférence pour les idées reçues sur l'extinction des genres de poissons de l'époque secondaire plutôt que par une conviction basée sur les faits qu'il adopte cette séparation.

RHINOBATUS MARONITA, Pictet et Humbert.

(Pl. XIX.)

DIMENSIONS :

Largeur au niveau de l'arc pectoral	115 mm.
Largeur des ventrales	80
Distance de l'arc pectoral à l'arc pelvien	40

FORMES GÉNÉRALES. Si l'on compare cette espèce avec la plupart des espèces vivantes, on est principalement frappé par le développement des ventrales, qui sont larges et longues, et qui s'avancent vers les pectorales de manière à être recouvertes par l'extrémité de celles-ci, en sorte que le contour général est plus uniforme et présente une échancrure moins grande entre les nageoires antérieures et les postérieures.

COLONNE ÉPINIÈRE ET CÔTES. Nous avons sur notre échantillon les traces de 45 vertèbres, dont 13 entre l'arc pectoral et le bassin. Les corps sont bien conservés, très-distincts, un peu amincis dans leur milieu et faiblement striés. Les cartilages impairs (Duméril) qui occupent la place des apophyses épineuses ont été rejetés sur le côté par la fossilisation ; ils sont, du reste, tout à fait semblables à ceux des Rhinobates vivants, et leur bord supérieur forme une ligne parfaitement droite. Les vingt premières vertèbres qui suivent l'arc pectoral portent des pleurapophyses ou côtes bien développées, atteignant une longueur de vingt millimètres, sauf les dernières qui sont plus courtes.

NAGEOIRES IMPAIRES. Nous n'avons vu aucune trace des nageoires impaires ; la région qui les porte chez les Rhinobates vivants n'est pas conservée dans notre échantillon.

---

[1] *Thiollière*, Sur un nouveau gisement de poissons fossiles dans le Jura du département de l'Ain. — Annales de la Société nationale d'agriculture, histoire naturelle et arts utiles de Lyon, 1848 ; p. 21 du tirage à part.

Nageoires paires. Les *pectorales* sont longues et étroites comme chez les autres Rhinobates. L'arc scapulaire et les pièces qui portent les rayons se comportent comme chez les espèces vivantes. La nageoire proprement dite est complète en avant et forme en arrière une région plus étroite que dans la plupart des espèces connues. La ceinture pelvienne a une longueur de 55 millimètres d'une de ses extrémités à l'autre, en sorte que l'ensemble des deux nageoires *ventrales* est large, mais chacune d'elles, considérée individuellement, est formée de rayons courts et par conséquent étroits. Ces nageoires sont longues et portent intérieurement, vers leur extrémité, des appendices semblables à ceux qui caractérisent les mâles dans ce genre.

Localité. Hakel.

Explication des figures.

Pl. *XIX*. *Rhinobatus Maronita*, Pictet et Humbert. — Musée de Genève.

Genre CYCLOBATIS, Egerton.

Cyclobatis oligodactylus, Egerton.

Egerton, 1845, Quarterly Journal of the geological Society, t. I, p. 225, pl. 5.
Pictet, 1850, Poissons fossiles du mont Liban, p. 55, pl. 10, fig. 4.

Localité. Hakel.

TABLE ALPHABÉTIQUE DES ESPÈCES

Aspidopleurus cataphractus, Pict. et Humb. . 109
Beryx niger, Costa 43
   » syriacus, Pict. et Humb. 28
   » vexillifer, Pict. 30
Cheirothrix libanicus, Pict. et Humb. 52
Chirocentrites libanicus, Pict. et Humb. . . . 88
Clupea Beurardi, Blainv. 70
   » Bottæ, Pict. et Humb. 64
   » brevissima, Blainv. 61
   » Gaudryi, Pict. et Humb. 60
   » gigantea, Heckel. 70
   » lata, Agassiz 68
   » lata, Pict., non Ag. 86
   » laticauda, Pict. 69
   » macrophthalma, Heckel. 71
   » minima, Ag. 65
   » minima, Pict., non Ag. 74
   » sardinoides, Pict. 66
Coccodus armatus, Pict. 90
Cyclobatis oligodactylus, Egerton. 114
Dercetis linguifer, Pict. 95
   » tenuis, Pict. 97
   » triqueter, Pict. 95
Eurypholis Boissieri, Pict. 102
   » longidens, Pict. 105
   » sulcidens, Pict. 102
Imogaster auratus, Costa 44
Isodus sulcatus, Heckel. 105
Leptosomus crassicostatus, Pict. et Humb. . . 76
   » macrourus, Pict. et Humb. 75
Leptotrachelus hakelensis, Pict. et Humb. . . 98

Leptotrachelus tenuis, Pict. et Humb. 97
   » triqueter, Pict. et Humb. 95
Mesogaster gracilis, Pict. 80
Omosoma Sach el Almæ, Costa 45
Opistopteryx gracilis. Pict. et Humb. 80
Osmeroides megapterus, Pict. 78
Pagellus leptosteus, Ag. 50
   » libanicus, Pict. 50
Petalopteryx syriacus, Pict. 54
Platax minor, Pict. 48
Pseudoberyx Bottæ, Pict. et Humb. 34
   » syriacus, Pict. et Humb. 33
Pycnosterinx discoides, Heckel 38
   » dorsalis, Pict. 41
   » elongatus, Pict. et Humb. 42
   » Heckelii, Pict. 40
   » niger, Pict. et Humb. 43
   » Russeggerii, Heckel. 41
Rhamphornimia rhinelloides, Costa . . (note) 24
Rhinellus furcatus, Ag. 82
Rhinobatus Maronita, Pict. et Humb. 113
Scombroclupea macrophthalma, Pict. et Humb. 71
Scyllium Sahel Almæ, Pict. et Humb. . . . 111
Solenognathus lineolatus, Pict. et Humb. . 56
Spaniodon Blondelii, Pict. 84
   » brevis, Pict. et Humb. 86
   » elongatus, Pict. 85
Sphyræna Amici, Ag. 51
Spinax primævus, Pict. 112
Vomer parvulus, Ag. 50

BERYX Syriacus, Pictet et Humbert.

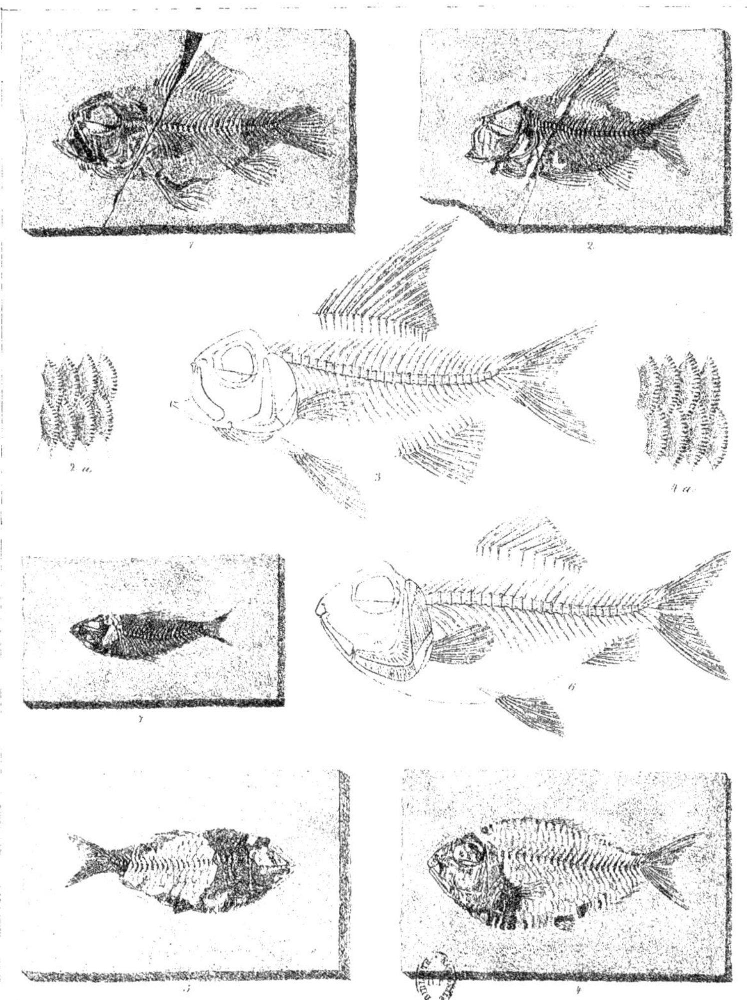

Fig.1-3. BERYX vexillifer, Pictet   Fig. 4-6. PSEUDOBERYX syriacus, Pict.& Humbert   Fig.7. PSEUDOBERYX Bollæ, P.&H.

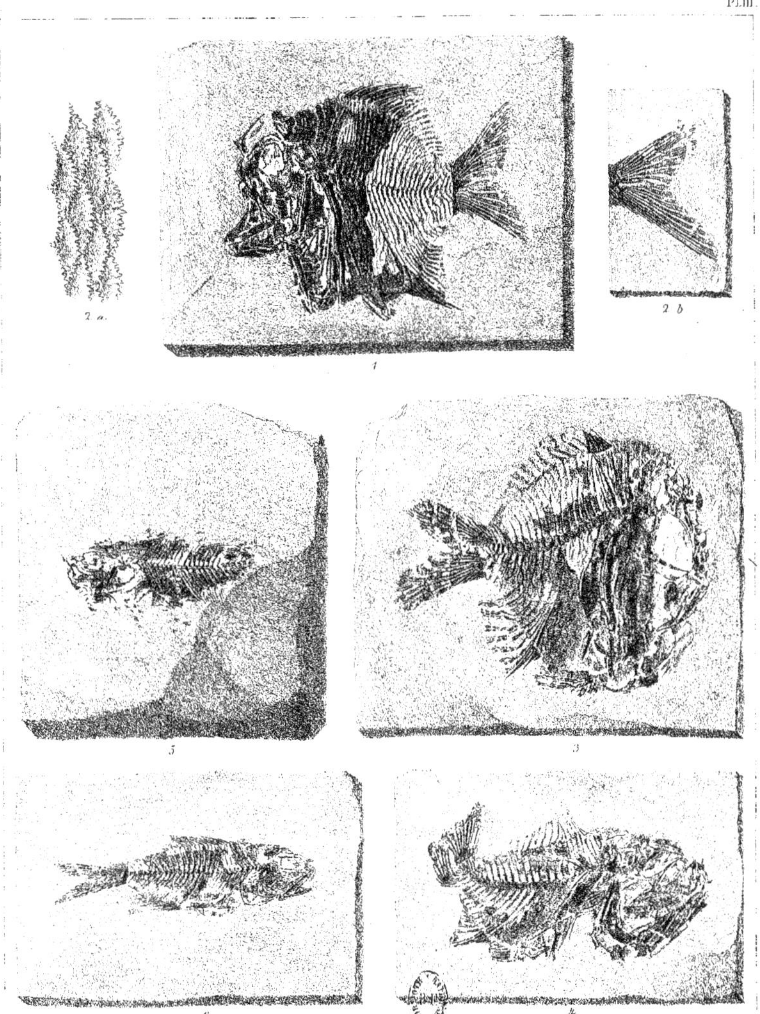

Fig. 1 & 2. PYCNOSTERINX discoides, Heckel. Fig. 3 & 4. P. Heckeli, Pictet. Fig. 5 & 6. P. elongatus, Pict. & Humbert.

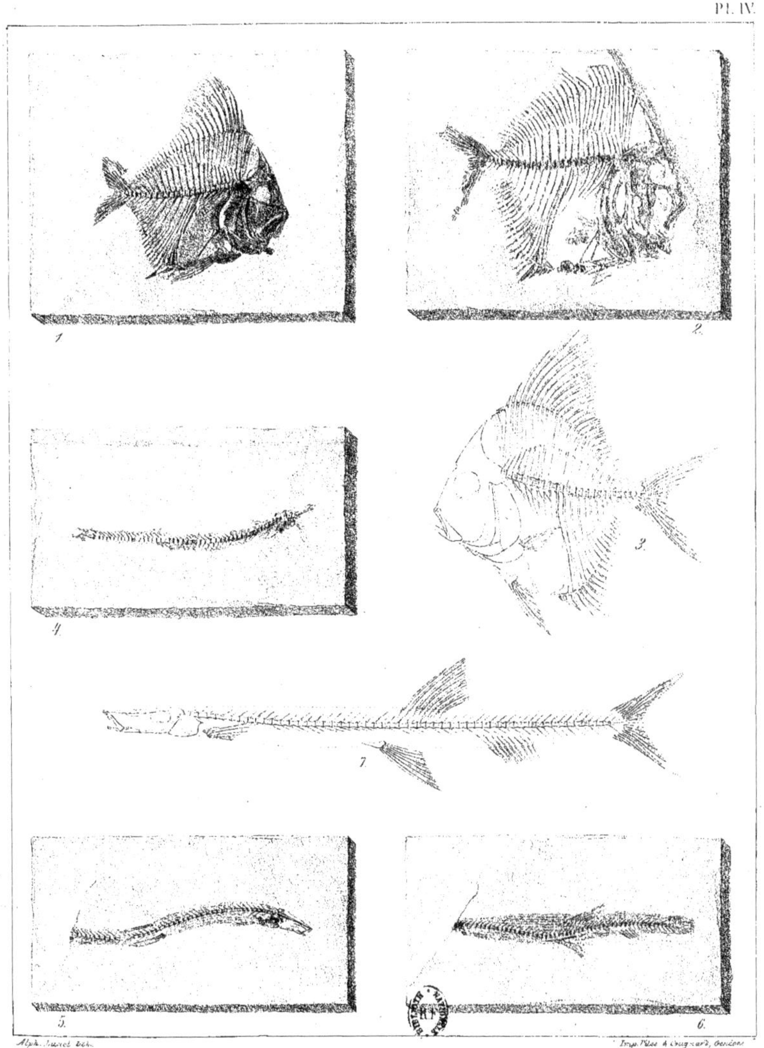

Fig.1-3. PLATAX minor, Pictet.—Fig. 4-7. SOLENOGNATHUS lineolatus, Pictet & Humbert.

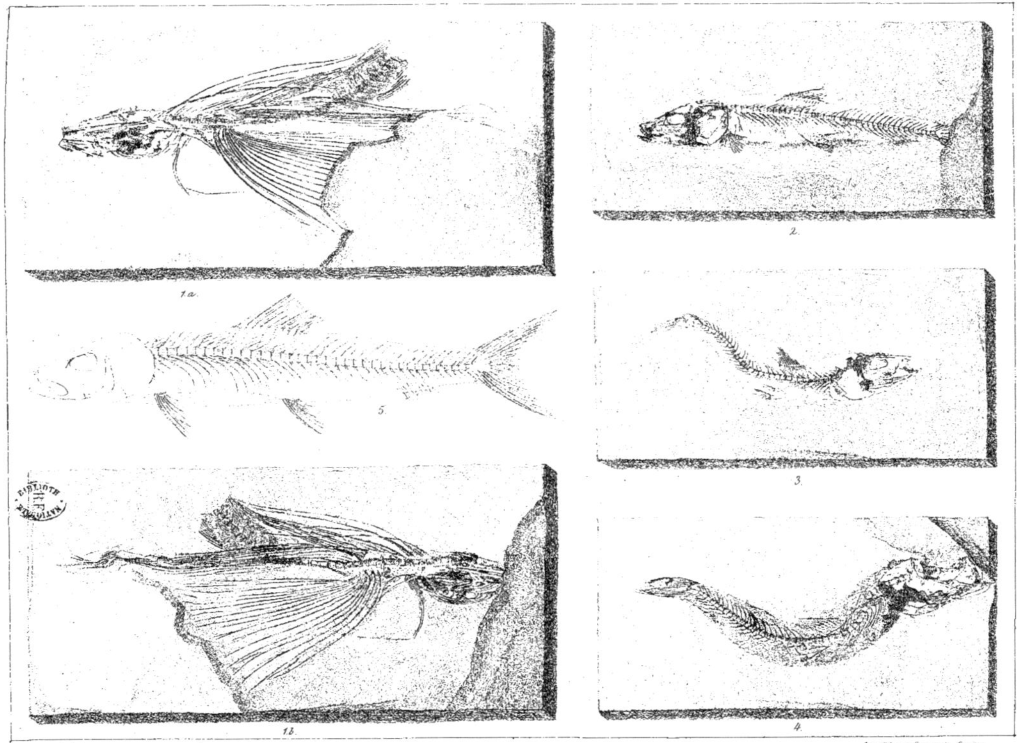

Alph. Lunel lith. Imp. Pilet et Cougnard, Genève.

Fig. 1. CHEIROTHRIX libanicus, Pictet & Humbert. – Fig. 2 à 5. CLUPEA Gaudryi, Pict. & Humb.

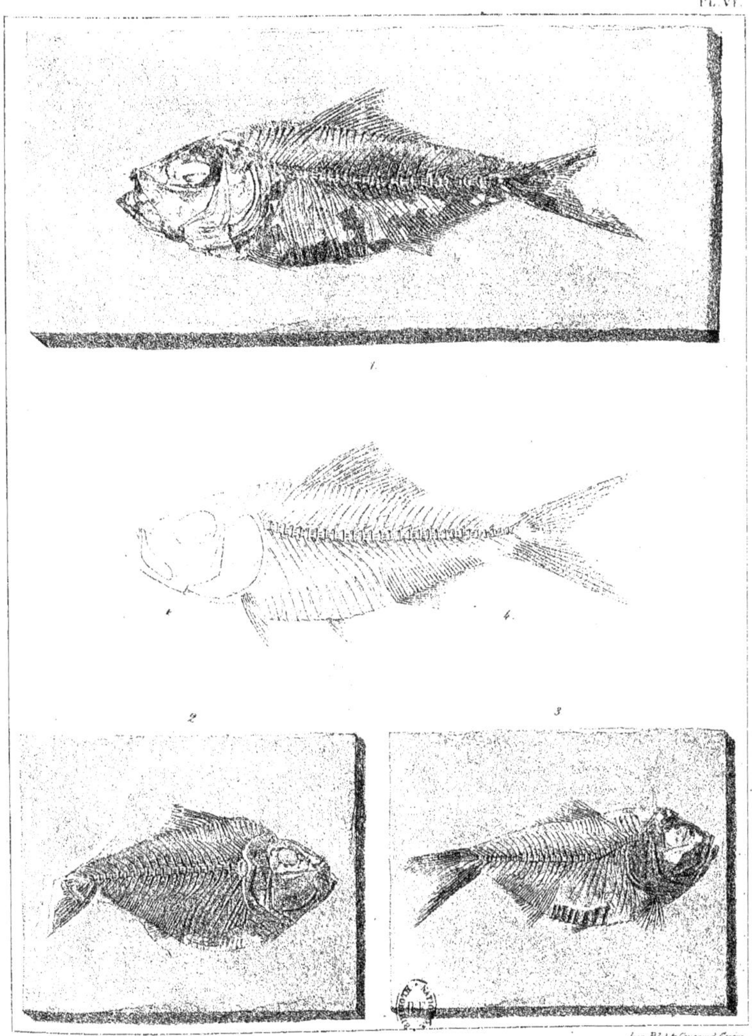

CLUPEA brevissima, Blainv.

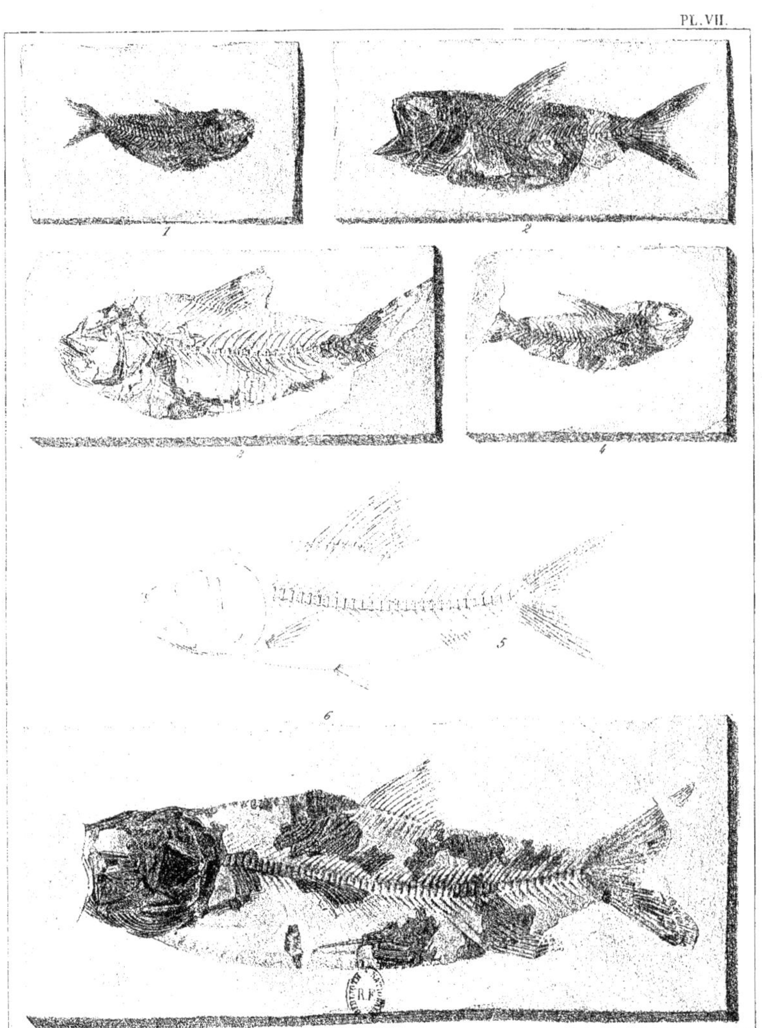

Fig. 1-5. CLUPEA Bollæ, Pictet & Humbert. — Fig. 6. CLUPEA lata, Agassiz.

CLUPEA sardinoides, Pictet.

SCOMBROCLUPEA macrophthalma . (Heckel) Pictet & Humbert.

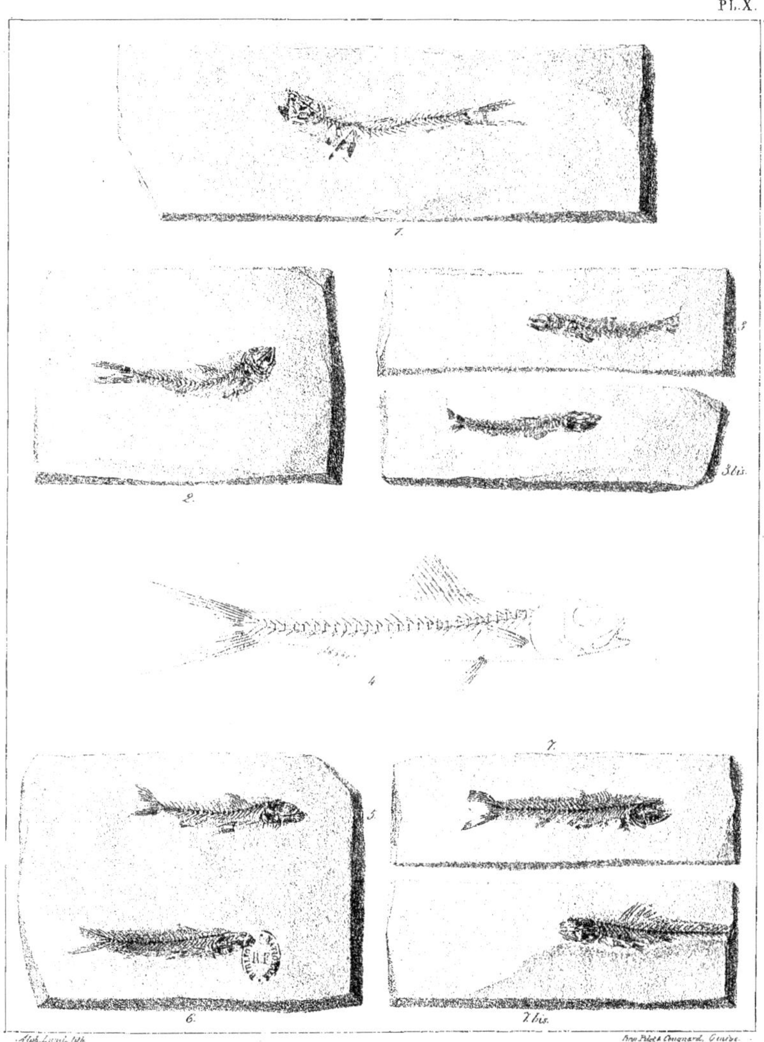

Fig. 1-4. LEPTOSOMUS macrourus, Pictet & Humbert — Fig 5-7. LEPTOSOMUS crassicostatus, Pictet & Humbert.

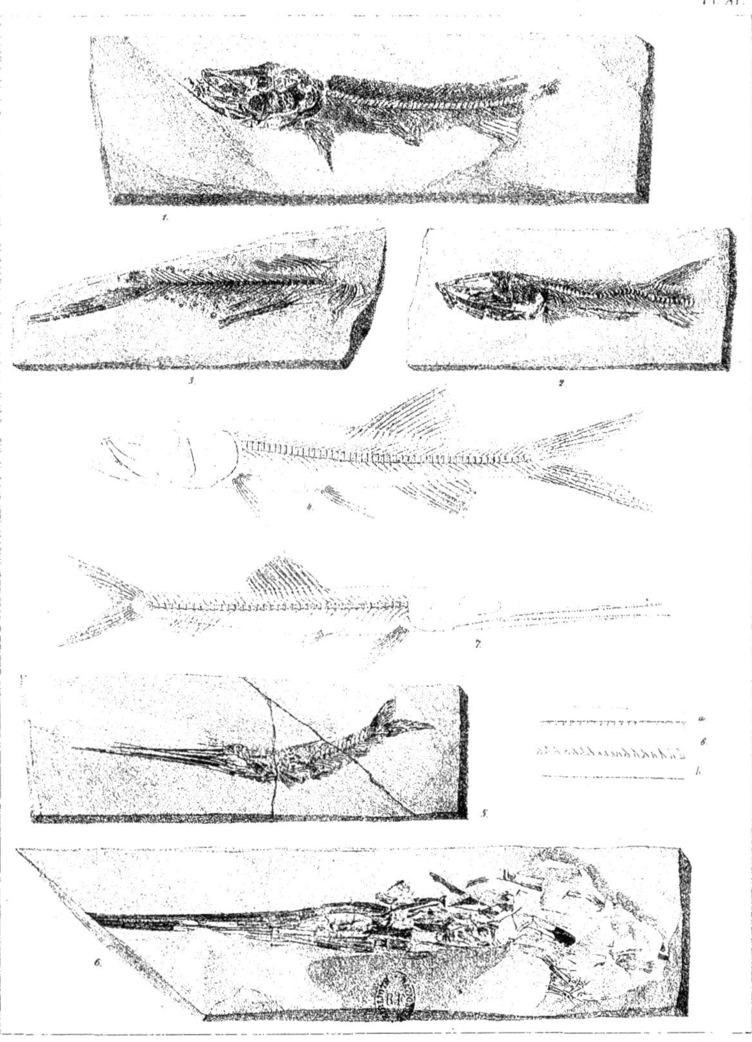

Fig. 1-4. OPISTOPTERYX gracilis, Pictet et Humbert. — Fig. 5-8. RHINELLUS furcatus, Agassiz. —

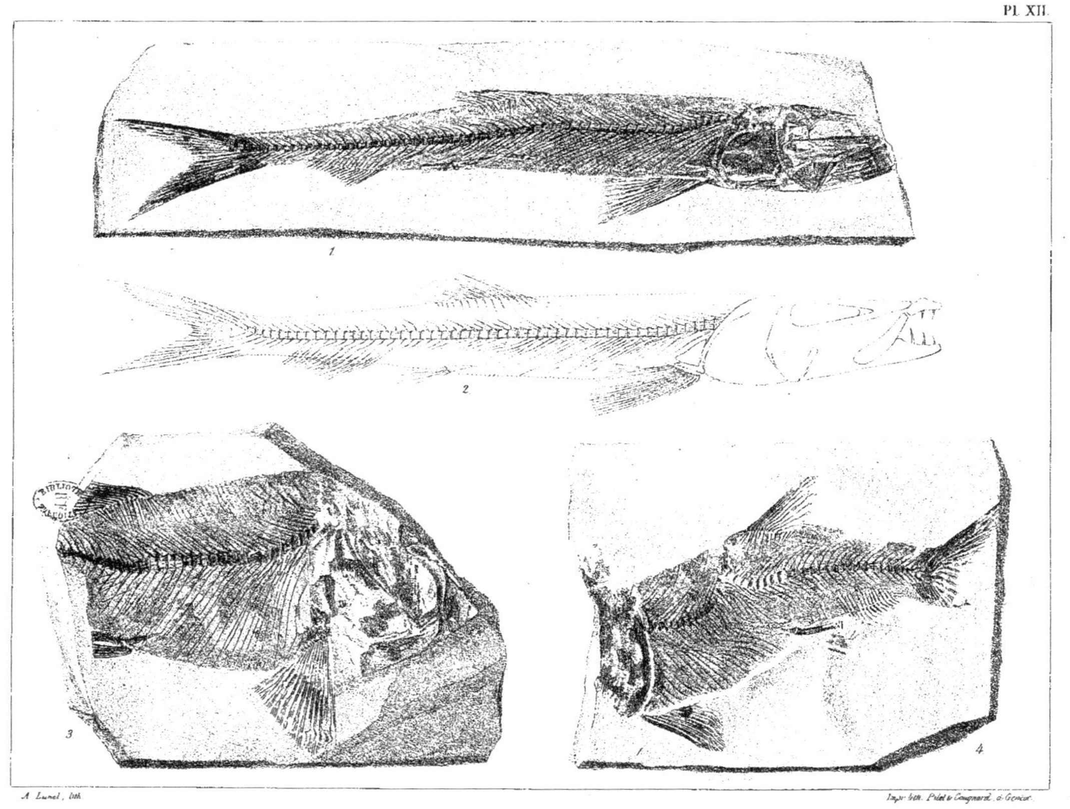

A. Lunel, lith.

Imp. lith. Pilet & Cougnard, à Genève.

Fig. 1 & 2. SPANIODON elongatus, Pictet. — Fig. 3 & 4. SPANIODON brevis, Pictet & Humbert.

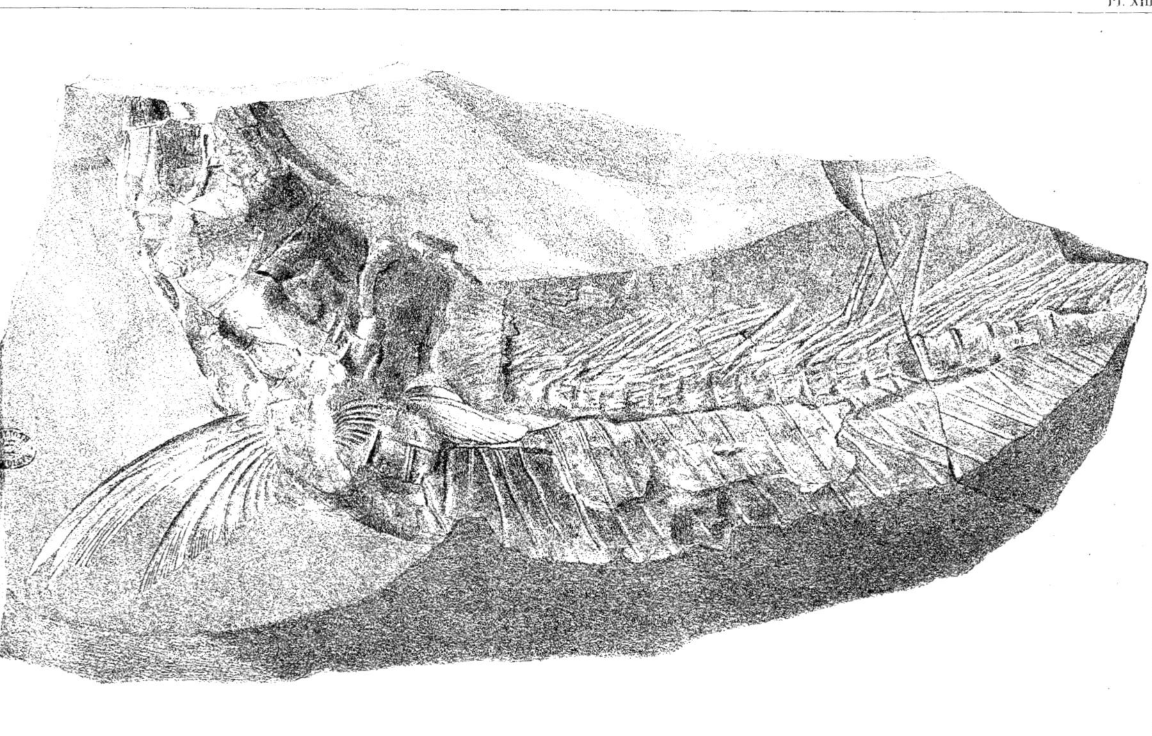

CHIROCENTRITES libanicus, Pictet & Humbert.

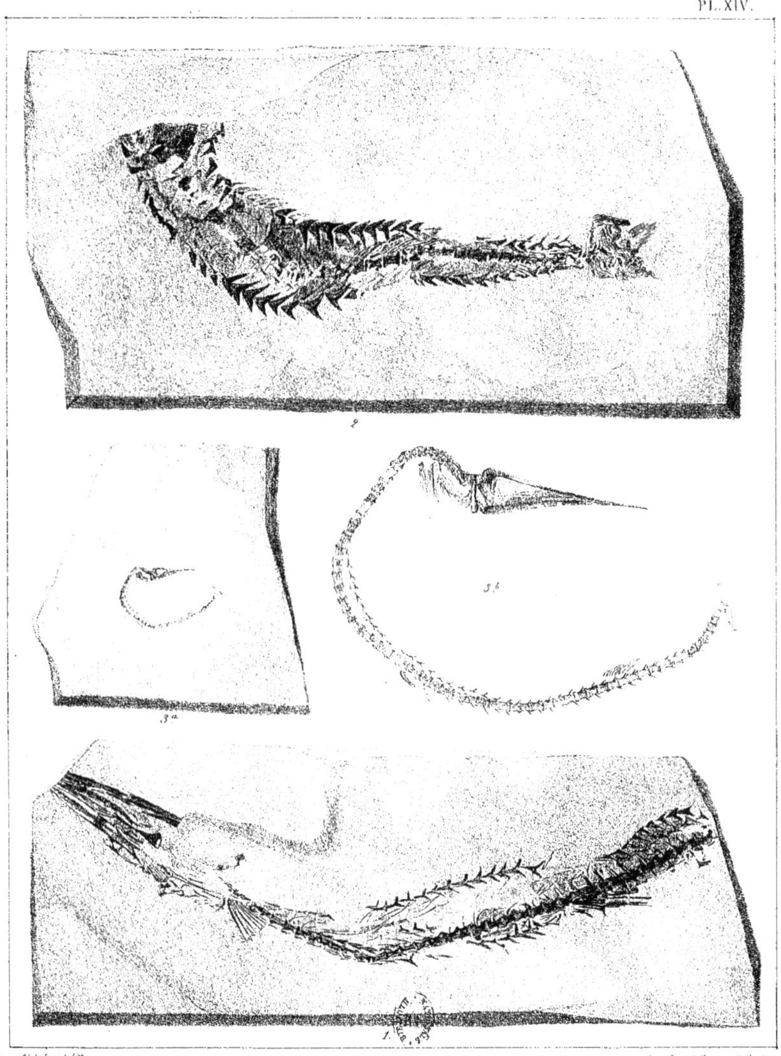

Alph. Lunel lith.

Imp. Becquet & Couquard Broxou.

Fig. 1. & 2. LEPTOTRACHELUS, triqueter, Pictet. . Fig. 3. L. hakelensis, Pict. & Humb.

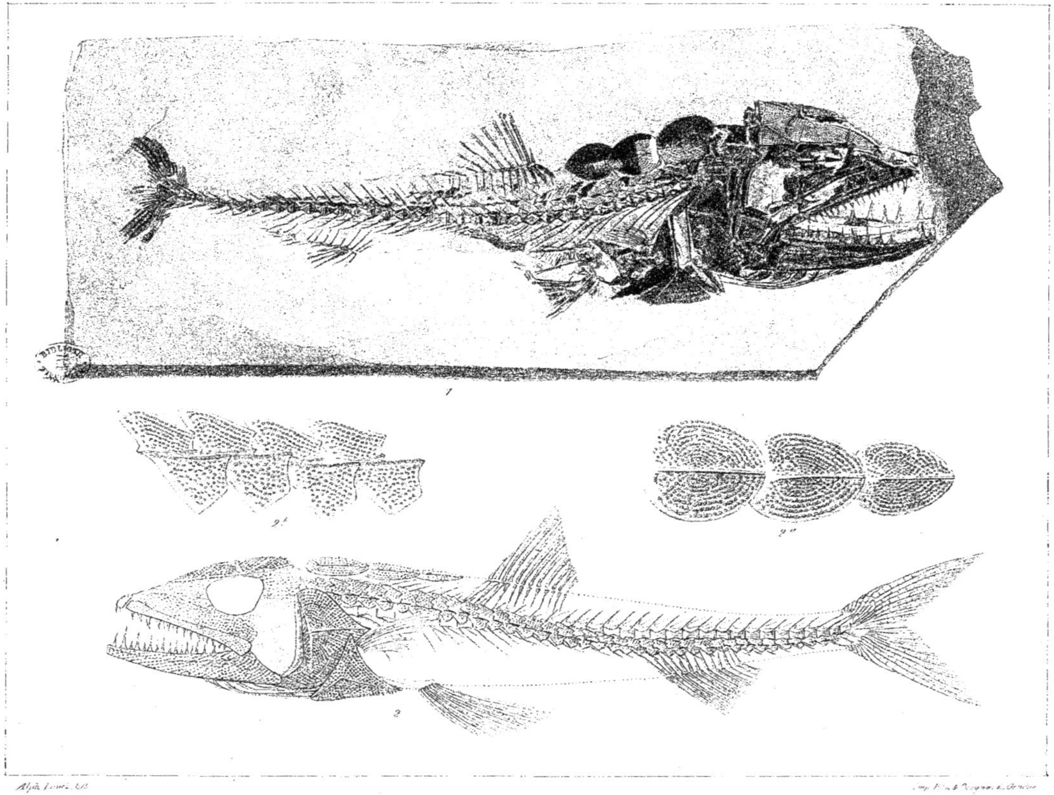

EURYPHOLIS Boissieri, Pictet.

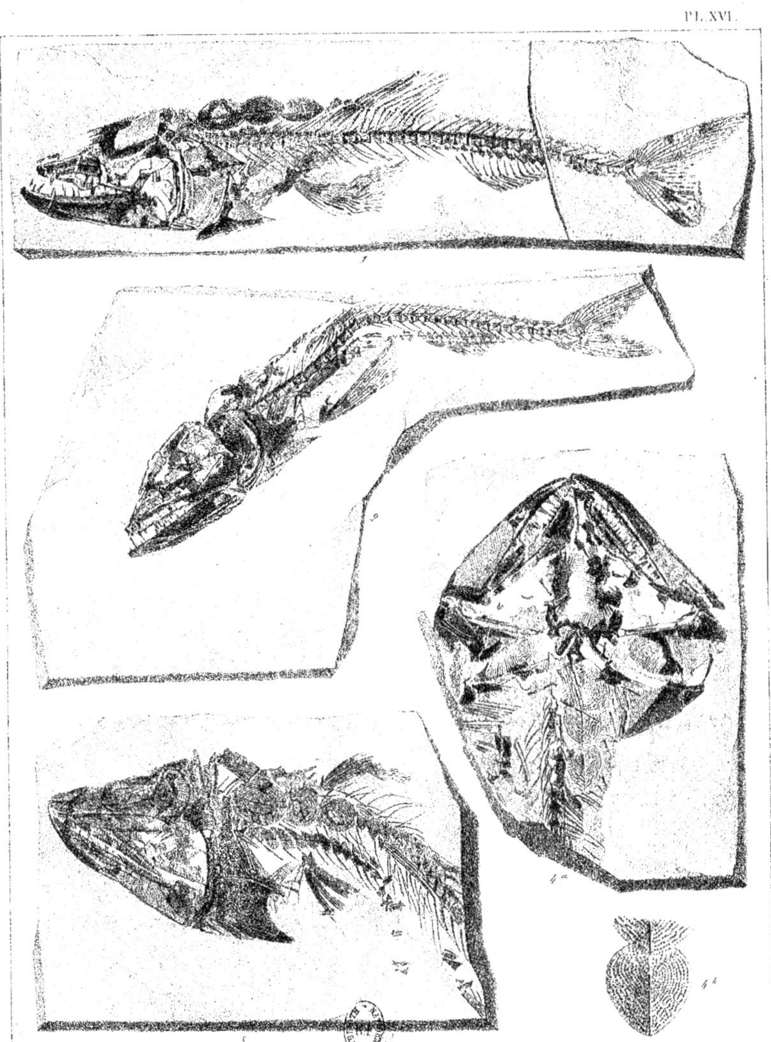

EURYPHOLIS Boissieri, Pictet.

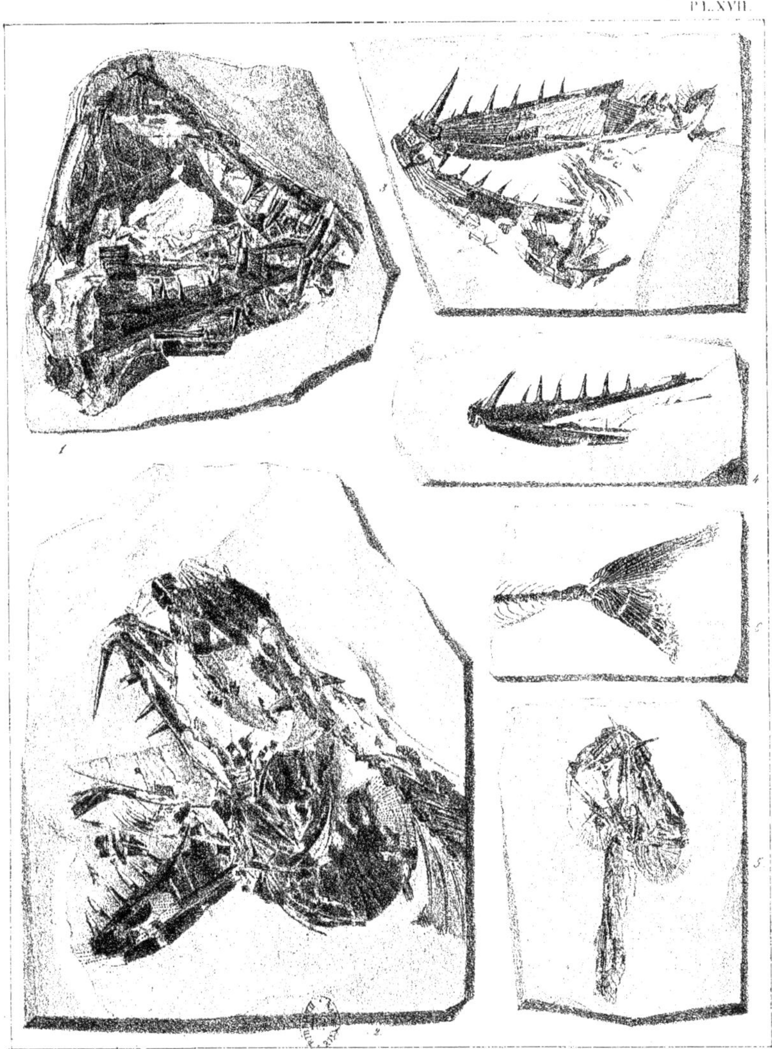

EURYPHOLIS longidens. Pictet.

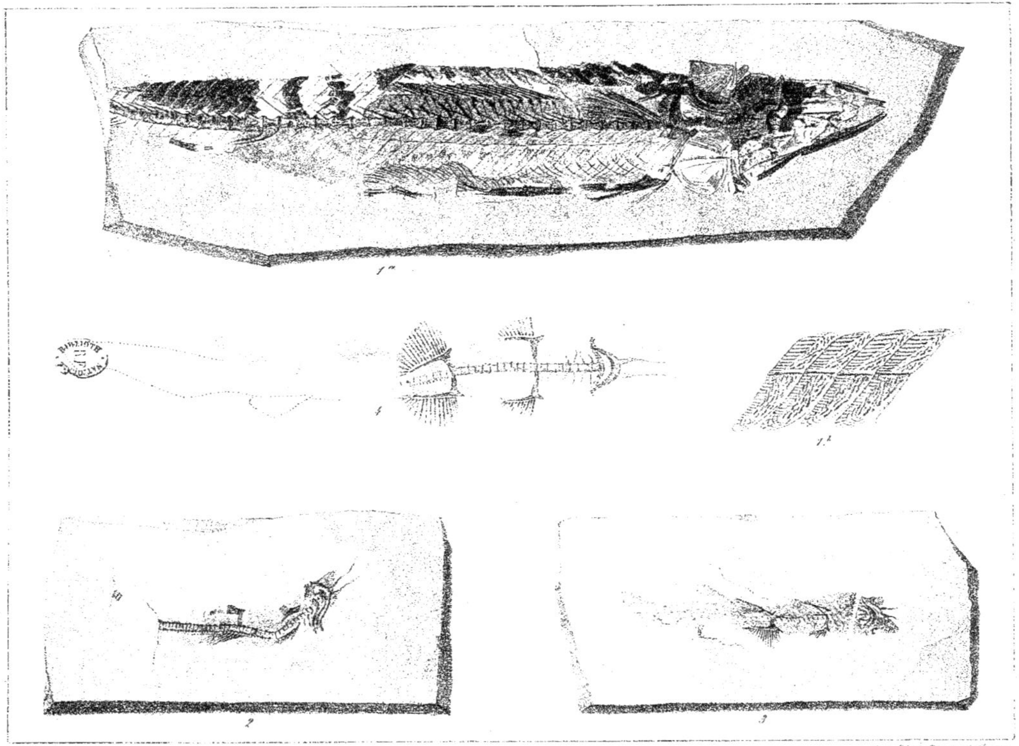

Fig. 1. ASPIDOPLEURUS cataphractus, Pictet & Humbert.— Fig 2 à 4. SCYLLIUM Sahel Almæ, Pictet & Humbert.

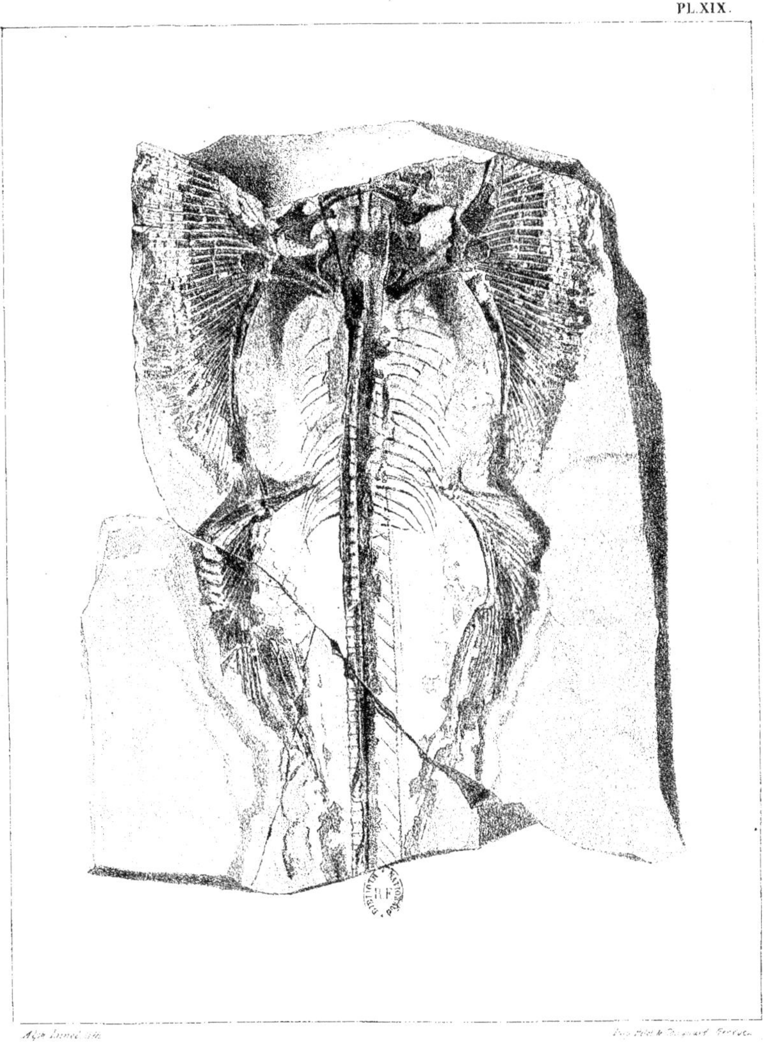

RHINOBATUS maronita, Pictet & Humbert.

www.ingramcontent.com/pod-product-compliance
Ingram Content Group UK Ltd.
Pitfield, Milton Keynes, MK11 3LW, UK
UKHW021221140726
13695UKWH00002B/672